普通高等院校计算机基础教育系列教材

C 语言程序设计与应用

万川梅　郑俏妍　李翠锦　张　林　编　著

北京理工大学出版社
BEIJING INSTITUTE OF TECHNOLOGY PRESS

内容简介

本书以满足学生对理论和实践相结合的知识需求为目的，服从创新教育和素质教育的教学理念，以 C 语言为程序设计与开发的基础，全书共有 10 个章节，分别为 C 程序设计初步、语言基础、简单判定性问题、循环结构与应用、模块化设计与应用、相同数据类型集合、指针与应用、构造数据类型、数据永久性存储、一个完整案例的综合设计与实现。

版权专有　侵权必究

图书在版编目（CIP）数据

C 语言程序设计与应用 / 万川梅等编著. -- 北京：北京理工大学出版社，2018.6（2024.3 重印）
ISBN 978-7-5682-5800-5

Ⅰ. ①C… Ⅱ. ①万… Ⅲ. ①C 语言-程序设计 Ⅳ. ①TP312.8

中国版本图书馆 CIP 数据核字（2018）第 138149 号

责任编辑：王玲玲	**文案编辑**：王玲玲
责任校对：周瑞红	**责任印制**：李志强

出版发行 / 北京理工大学出版社有限责任公司
社　　址 / 北京市丰台区四合庄路 6 号
邮　　编 / 100070
电　　话 / （010）68914026（教材售后服务热线）
　　　　　　（010）68944437（课件资源服务热线）
网　　址 / http://www.bitpress.com.cn

版 印 次 / 2024 年 3 月第 1 版第 4 次印刷
印　　刷 / 涿州市新华印刷有限公司
开　　本 / 787 mm×1092 mm　1/16
印　　张 / 16.25
字　　数 / 384 千字
定　　价 / 42.00 元

图书出现印装质量问题，请拨打售后服务热线，负责调换

前　言

C 语言程序设计是一门理论与实践紧密结合、以培养学生程序设计能力为目标的课程，它的任务是培养学生应用高级程序设计语言解决问题的基本能力。C 语言是学习编程的入门语言，它帮助学生从现有的思维模式转向计算机编程的思维模式。通过该门课程的学习，使学生了解高级程序语言的结构，掌握基本的计算机编程解决问题的思维方式，以及基本的程序语言的语法和程序设计的过程及方法。本书从提出问题、设计算法、选定数据、编程思想、代码实现、测试、调试及结果解析等过程，培养学生逻辑思维和抽象问题的能力，以及能够灵活使用程序设计语言来解决现实中的问题的能力。

本书目标

体现计算机基础教学是培养大学生综合素质和创新能力不可或缺的重要环节，是培养复合型创新人才的重要组成部分。计算机基础教学的内涵在快速提升和不断丰富，进一步推进计算机基础教学改革，适应计算机长期以来存在的"计算机知识工具""计算机就是程序设计"和"计算机基础课程主要讲解软件工具的应用"等片面知识的认识。本书希望能在计算机基础教学过程中体现传授知识、培养能力、提高学生运用计算机思维解决现实的问题。

本书特点

本书结合"计算机思维能力培养目标"的教学模式，主要体现以下特点：

（1）强化程序语法、语言功能等内容，为程序设计概念做好铺垫；

（2）强化数据存储等内容，使学生更加了解计算机处理数据的过程；

（3）强化程序设计结构、编程思想，潜移默化地提高学生的计算机思维能力；

（4）强化数据的输入与输出，让学习内容更具有趣味性；

（5）引入真实案例和项目，让学生学以致用；

（6）加大课后习题的量，提供学生辅助教学资源。

本书内容

全书分为 10 章，其中第 1 章 C 程序设计初步，第 2 章语言基础，第 3 章简单判定性问题求解，第 4 章循环结构与应用，第 5 章模块化设计与应用，第 6 章相同数据类型集合，第 7 章指针与应用，第 8 章构造数据类型，第 9 章数据永久性存储，第 10 章一个完整案例综合设计与实现。

读者对象

无论是程序设计初学人员还是程序开发人员，本书都是一本难得的参考书，本书是高等院校计算机基础类教材，适合各种专业，如多媒体、软件开发、网络工程、通信工程、信息工程、物联网工程、数字媒体技术等专业本科生及教师使用，也适合广大科研和工程技术人员使用。

本书由万川梅整体设计，并完成第 3、8、10 章的编写，此外，郑俏妍完成第 1、2 章的编写，李翠锦完成第 4、6 章的编写，张林完成第 5、9 章的编写，向首超完成第 7 章编写。在编写过程中，参考了许多专家和学者的著作和论文，在此谨向他们表示衷心的感谢。

虽然我们希望能够为读者提供最好的教材和教学资源，但由于作者水平和经验有限，疏漏之处难免，不当之处请各位专家和读者赐教。

编　者

目 录

第1章 C程序设计初步 ... 1
1.1 C程序的简史 ... 1
1.2 编程前的准备 ... 3
1.3 程序开发周期 ... 3
1.4 C程序的构成 ... 4
1.4.1 简单的C程序实例 ... 4
1.4.2 阅读C程序 ... 5
1.4.3 C程序的结构 ... 6
1.5 C语言的开发过程和开发环境 ... 8
1.5.1 C语言的开发过程 ... 8
1.5.2 Turbo C开发环境及其使用 ... 8
1.5.3 Visual C++6.0开发环境及其使用 ... 13
1.6 本章小结 ... 18
1.7 习题 ... 18

第2章 语言基础 ... 20
2.1 注释、大括号、关键字、标识符 ... 21
2.1.1 程序注释 ... 21
2.1.2 花括号的使用 ... 21
2.1.3 标识符与关键字 ... 22
2.2 数据类型、常量、变量 ... 23
2.2.1 基本数据类型与数据的表示 ... 23
2.2.2 常量和变量 ... 26
2.2.3 基本的输入/输出 ... 33
2.2.4 赋值运算 ... 40
2.3 不同类型数据之间的转换 ... 41
2.3.1 自动类型转换 ... 41
2.3.2 强制类型转换 ... 43

2.4 程序设计与案例实现 ····· 44
2.4.1 案例1:鸡兔同笼问题 ····· 44
2.4.2 案例2:学生成绩等级评定 ····· 45
2.5 本章小结 ····· 46
2.6 习题 ····· 46

第3章 简单判定性问题 ····· 48
3.1 判定性问题及条件描述 ····· 49
3.1.1 关系型判定条件 ····· 49
3.1.2 逻辑型判定条件 ····· 50
3.1.3 按位进行逻辑运算 ····· 53
3.2 if 条件语句 ····· 56
3.2.1 if 语句结构 ····· 56
3.2.2 if 语句的嵌套问题 ····· 63
3.2.3 条件运算符和条件表达式 ····· 64
3.3 switch 条件语句 ····· 65
3.4 案例实现 ····· 66
3.4.1 案例1:简易计算器 ····· 66
3.4.2 案例2:ATM 取款机系统 ····· 69
3.5 本章小结 ····· 73
3.6 习题 ····· 74

第4章 循环结构与应用 ····· 75
4.1 for 循环语句 ····· 76
4.1.1 for 循环语句的结构 ····· 76
4.1.2 for 循环的应用 ····· 77
4.2 while 循环 ····· 79
4.3 do…while 循环 ····· 81
4.4 循环语句的常见问题 ····· 82
4.4.1 双重循环 ····· 82
4.4.2 无限循环 ····· 84
4.4.3 循环语句的选择 ····· 84
4.5 跳出循环语句 ····· 85
4.5.1 break 语句 ····· 85
4.5.2 continue 语句 ····· 87
4.5.3 goto 语句 ····· 88
4.6 案例实现 ····· 88
4.6.1 案例1:学生成绩管理系统 ····· 88

  4.6.2 案例2:简易计算器 ……………………………………………………… 91
 4.7 编码规范 …………………………………………………………………………… 95
  4.7.1 命名规范 ……………………………………………………………… 95
  4.7.2 表达式书写 …………………………………………………………… 95
  4.7.3 语句排序 ……………………………………………………………… 96
 4.8 本章小结 …………………………………………………………………………… 97
 4.9 习题 ………………………………………………………………………………… 97

第5章 模块化设计与应用 …………………………………………………………… 99

 5.1 模块化程序设计方法 …………………………………………………………… 99
  5.1.1 模块化程序设计思想 ………………………………………………… 100
  5.1.2 模块规划案例 ………………………………………………………… 101
 5.2 函数 ………………………………………………………………………………… 101
  5.2.1 函数的定义 …………………………………………………………… 102
  5.2.2 函数的一般调用 ……………………………………………………… 105
  5.2.3 函数的返回值 ………………………………………………………… 108
  5.2.4 函数的参数传递与返回值 …………………………………………… 109
  5.2.5 数组作为函数参数 …………………………………………………… 112
  5.2.6 函数的嵌套调用 ……………………………………………………… 116
  5.2.7 函数的递归调用 ……………………………………………………… 117
 5.3 局部变量与全局变量 …………………………………………………………… 118
  5.3.1 局部变量 ……………………………………………………………… 119
  5.3.2 全局变量 ……………………………………………………………… 119
  5.3.3 全局变量、静态变量、局部变量的区别 …………………………… 120
 5.4 编译预处理 ……………………………………………………………………… 121
  5.4.1 宏定义#define ………………………………………………………… 121
  5.4.2 文件包含#include ……………………………………………………… 123
  5.4.3 条件编译 ……………………………………………………………… 123
 5.5 本章小结 ………………………………………………………………………… 125
 5.6 习题 ……………………………………………………………………………… 126

第6章 相同数据类型集合 …………………………………………………………… 129

 6.1 数组与数组元素的概念 ………………………………………………………… 129
 6.2 一维数组 ………………………………………………………………………… 130
  6.2.1 一维数组的定义 ……………………………………………………… 130
  6.2.2 一维数组的初始化 …………………………………………………… 131
  6.2.3 一维数组的引用 ……………………………………………………… 132
  6.2.4 一维数组的应用 ……………………………………………………… 134

6.3 二维数组 ·· 136
   6.3.1 二维数组的定义 ·· 136
   6.3.2 二维数组的初始化 ·· 138
   6.3.3 二维数组元素的引用 ·· 138
   6.3.4 二维数组的应用 ·· 139
6.4 使用字符数组处理字符串 ·· 142
   6.4.1 字符数组初始化 ·· 142
   6.4.2 字符数组的输入/输出 ·· 144
   6.4.3 字符串处理函数 ·· 146
   6.4.4 字符数组的应用 ·· 150
6.5 typedef 定义类型 ·· 152
6.6 案例实现 ·· 153
   6.6.1 案例1：课表查询系统 ·· 153
   6.6.2 案例2：竞赛选手评分系统 ·· 155
6.7 本章小结 ·· 157
6.8 习题 ·· 157

第7章 指针与应用 ·· 160

7.1 指针概述 ·· 160
   7.1.1 指针概念 ·· 160
   7.1.2 指针变量的定义 ·· 161
   7.1.3 指针的基本运算 ·· 164
   7.1.4 指针作为函数参数 ·· 166
7.2 指针与数组 ·· 167
   7.2.1 指针与一维数组 ·· 167
   7.2.2 指针与二维数组 ·· 169
   7.2.3 指向字符串的指针变量 ·· 172
   7.2.4 指针数组 ·· 172
   7.2.5 多级指针 ·· 174
7.3 指针与函数 ·· 175
   7.3.1 指针型函数 ·· 175
   7.3.2 用函数指针调用函数 ·· 176
   7.3.3 用指向函数的指针作函数参数 ······································ 177
   7.3.4 带参数的 main 函数 ·· 179
7.4 动态分配内存 ·· 181
   7.4.1 内存的动态分配 ·· 181
   7.4.2 动态内存分配函数 ·· 182
   7.4.3 void 指针类型 ··· 183

7.5 指针综合案例 …… 184
7.6 本章小结 …… 187
7.7 习题 …… 187

第8章 构造数据类型 …… 190

8.1 结构体 …… 190
  8.1.1 结构体的定义 …… 191
  8.1.2 结构体变量的声明 …… 194
  8.1.3 结构体变量的引用 …… 195
  8.1.4 结构体变量的初始化 …… 196
  8.1.5 结构体数组的应用 …… 197
  8.1.6 结构体在函数中的应用 …… 199
8.2 共用体 …… 200
  8.2.1 共用体变量的定义 …… 200
  8.2.2 共用体变量的赋值和引用 …… 201
8.3 枚举 …… 202
  8.3.1 枚举类型的定义 …… 202
  8.3.2 枚举变量的基本操作 …… 203
8.4 自定义数据类型 …… 203
  8.4.1 typedef 自定义数据类型 …… 204
  8.4.2 typedef 与#define 的区别 …… 206
8.5 本章小结 …… 207
8.6 习题 …… 208

第9章 数据永久性存储 …… 211

9.1 文件概述 …… 211
  9.1.1 文件的概念 …… 211
  9.1.2 文件指针 …… 213
9.2 文件的基本操作 …… 214
  9.2.1 文件的打开和关闭 …… 214
  9.2.2 文件的读写 …… 216
  9.2.3 字符串的读写 …… 217
  9.2.4 数据块的读写 …… 219
  9.2.5 格式的读写 …… 220
9.3 文件的定位 …… 221
  9.3.1 rewind 函数 …… 222
  9.3.2 fseek 函数 …… 222
  9.3.3 ftell 函数 …… 223

9.4 文件状态检查函数 ………………………………………………………… 224
9.5 习题 ………………………………………………………………………… 224

第10章 一个完整案例的综合设计与实现 ……………………………………… 226

10.1 问题的提出 ………………………………………………………………… 226
10.2 系统功能设计 ……………………………………………………………… 226
  10.2.1 系统模块设计 ………………………………………………………… 226
  10.2.2 数据结构设计 ………………………………………………………… 227
10.3 程序流程图 ………………………………………………………………… 227
10.4 源程序清单 ………………………………………………………………… 228
10.5 程序测试 …………………………………………………………………… 236
10.6 项目文档 …………………………………………………………………… 237
  10.6.1 需求分析文档 ………………………………………………………… 237
  10.6.2 概要设计文档 ………………………………………………………… 238
  10.6.3 详细设计文档 ………………………………………………………… 239

附录 A 常用字符与 ASCII 代码对照表 …………………………………………… 242

附录 B 运算符的优先级与结合性 ………………………………………………… 243

附录 C C 语言常用的库函数 ……………………………………………………… 245

参考文献 ……………………………………………………………………………… 250

第 1 章

C 程序设计初步

- 了解 C 程序历史与发展
- 了解程序开发周期
- 掌握 C 程序的构成
- 掌握如何使用 Turbo C 2.0 开发 C 程序
- 掌握如何使用 Visual C++ 6.0 开发 C 程序

本章重点
- C 程序的构成
- Turbo C 2.0 工具的使用
- Visual C++6.0 工具的使用

本章难点
- C 程序的基本语法
- Turbo C 2.0 的安装与使用
- Visual C++6.0 的安装与使用

C 语言是国际上广泛流行的计算机高级程序设计语言，其从诞生就注定了会受到世界的关注。它是世界上最受欢迎的语言之一，它具有强大的功能，许多著名的软件都是用 C 程序编写的。学习好 C 语言，可以为以后的程序开发之路打下坚实的基础。在学习 C 语言之前，首先要了解 C 语言的发展历程、C 程序的构成、C 程序的开发环境等知识，才能更为深入地了解这门语言，并且增加对今后学习 C 语言的信心。

本章致力于使读者掌握 C 程序的构成和 Visual C++6.0 的集成开发环境中的各个部分的使用方法，并能编写一个简单的 C 语言程序。

1.1　C 程序的简史

人与人之间通过各种语言进行沟通，而用户和计算机的交流也需要用计算机和用户都能够理解的语言才可以。这种语言称为"计算机语言"。人们不能直接用自然语言来表达，因为计算机并不能直接理解。因此，需要用某种特定的计算机语言表达出来，然后输入计算机。这种工作便是"计算机编程"或"程序设计"。用于编写计算机程序的语言称为程序设计语言。C语言就是一种计算机程序设计语言。它既有高级语言的特点，又具有低级汇编语言的特点。它可以作为系统设计语言，编写工作系统应用程序，也可以作为应用程序设计语言，编写不依赖计算机硬件的应用程序。

C语言的发展颇为有趣，它的原型是ALGOL60语言，也称A语言。ALGOL60是一种面向问题的高级语言，不适合编写系统程序。ALGOL60也就是算法语言60。它是程序设计语言由技艺转向科学的重要标志，其具有局部性、动态性、递归性和严谨性特点。

1963年，剑桥大学将ALGOL60语言发展为CPL（Combined Programming Language）语言。CPL语言在ALGOL60的基础上与硬件接近了一些，但规模仍然比较宏大，难以实现。

1967年，剑桥大学的马丁·理查兹（Matin Richards）对CPL语言进行了简化，于是产生了BCPL语言。BCPL语言是计算机软件人员在开发系统软件时，为记录语言而使用的一种结构化程序设计语言，它能够直接处理与机器本身数据类型相近的数据，具有与内容地址对应的指针处理方式。

C语言是在由UNIX的研制者丹尼斯·里奇（Dennis Ritchie）和肯·汤普逊（Ken Thompson）于1970年研制的BCPL语言（简称B语言）的基础上发展和完善起来的。19世纪70年代初期，AT&T Bell实验室的程序员丹尼斯·里奇第一次把B语言改为C语言。

最初，C语言运行于AT&T的多用户、多任务的UNIX操作系统上。后来，丹尼斯·里奇用C语言改写了UNIX的编译程序，UNIX操作系统的开发者肯·汤普逊又用C语言成功地改写了UNIX，从此开创了编程史上的新篇章，UNIX成为第一个不是用汇编语言编写的主流操作系统。

1983年，美国国家标准委员会（ANSI）对C语言进行了标准化。于1983年颁布了第一个C语言草案（83 ANSI C），后来于1987年又颁布了另一个C语言的标准草案（87 ANSI C），最新的C语言标准C99，于1999年颁布，并在2000年3月被ANSI采用。但是由于未得到主流编译器厂家的支持，C99并未得到广泛使用。

尽管C语言是在大型商业机构和学术界的研究实验室研发的，但是当开发者们为第一台个人计算机提供C编译系统之后，C语言就得以广泛传播，并为大多程序员所接受。对MS－DOS操作系统来说，系统软件和实用程序都是用C语言编写的。Windows操作系统大部分也是用C语言编写的。

C语言是一种面向过程的语言，同时具有高级语言和汇编语言的特点。C语言可以广泛应用于不同的操作系统，如UNIX、MS－DOS、Microsoft Windows及Linux等。

在C语言的基础上发展起来的有支持多种程序设计风格的C++语言、网络上广泛使用JavaScript及微软的C#语言等。也就是说，学好C语言之后，再学习其他语言就会比较轻松。

> **说明**
> 目前最流行的 C 语言有以下几种：
> (1) Microsoft C，或称为 MS C；
> (2) Borland Turbo C，或称为 Turbo C；
> (3) AT&T C。

1.2 编程前的准备

C 语言是一种编译性语言，在编写代码前，要确定开发环境。C 语言常用的集成开发环境有 Microsoft Visual C++6.0、Microsoft Visual C++.NET、Turbo C 及 Borland C++ Builder 等。

1. Microsoft Visual C++6.0

Microsoft Visual C++6.0 不仅是一个 C++ 编译器，还是一个基于 Windows 操作系统的可视化集成开发环境。

2. Microsoft Visual C++.NET 或 Microsoft Visual C++2005

Microsoft Visual Studio.NET 是 Microsoft Visual 6.0 的后续版本，是一套完整的开发工具集。在.NET 平台下调用 Framework 的类库，功能强大，其中包含 Visual C++ 开发组件。

3. Turbo C

Turbo C 是美国 Borland 公司的产品，目前最常用的版本是 Turbo C 2.0。

4. Borland C++ Builder

Borland C++ Builder 是由 Borland 公司继 Delphi 之后推出的一款高性能集成开发环境，具有可视化的开发环境。

> **说明**
> 不同版本的 C 语言编译系统，所实现的语言功能和语法规则又略有差别。本书主要以 Microsoft Visual C++6.0 为 C 语言开发环境，因为它功能完善，操作简便，界面友好，适合初学者开发使用。

1.3 程序开发周期

程序开发周期指创建计算机程序的过程，与一般问题求解过程（理解问题、制订计划、实施计划、结果检验和回顾）非常相似。当使用计算机程序来解决问题时，这种过程呈现出以下形态：

1. 分析问题

确定已经得到了哪些信息，需要得到哪些结果，哪些信息是获取结果所必需的。通俗地说，就是如何从已知数据推导出期望的结果。

2. 设计程序

这是程序开发过程的核心，这个过程根据问题规模的大小，可以花费某人几个小时的时间，也可能需要一个程序员团队花费几个月时间来完成。

3. 程序编码

根据第 2 步所制订的设计方案，使用某种特定的程序设计语言编写程序的源码（source-code）。这一步的结果就是程序。

4. 程序测试

运行程序，检验其是否解决了给定的问题。

这种分析、设计、编码和测试构成了程序开发周期（program development cycle）的核心。这里使用周期（cycle）一词，是因为使用一般问题求解过程方法时，一旦后续步骤发现问题，经常需要返回到以前的步骤，并频繁往复。

1.4　C 程序的构成

1.4.1　简单的 C 程序实例

学习程序设计过程中，学习者将会遇到的最有意义的一件事，是尽管有许多不同的程序设计语言，但无论使用哪种，程序设计的基本概念是相通的。在学习了程序设计的概念和逻辑，以及掌握一门程序设计语言之后，再学习新的程序设计语言，相对会容易得多。但首先必须掌握程序设计的基本构成。

C 语言是学好其他编程语言的基础，下面通过一个简单的程序来看一看 C 程序是什么样子的。

【例 1-1】一个简单的 C 程序。

程序清单

```
/*一个简单的C语言程序*/
#include <stdio.h>
int main()
{
  printf("Hello,welcome to C world! \n");   /*输出要显示的字符串*/
  return 0;                                 /*程序返回0*/
}
```

运行结果如图 1-1 所示。

```
Hello,welcome to C world!
Press any key to continue
```

图 1-1　程序运行结果

代码解析：

在例 1-1 中，实现的功能只是显示一条信息："Hello, welcome to C world!"，通过这个程序可以知道 C 程序的构成。虽然这个简单的小程序只有 7 行，却充分说明了 C 程序是由什么位置开始、在什么位置结束的。

1.4.2 阅读 C 程序

1. #include 指令

#include <stdio.h> 这个语句的功能是进行有关的预处理操作。其中字符"#"是预处理标志，用来对文本进行预处理操作，"include"是预处理指令，称为文件包含命令，它后面跟着一对尖括号，表示头文件在尖括号内读入，称之为头部文件或首文件。

2. 空行

C 语言是一个较灵活的语言，因此格式并不是固定不变的。也就是说，空格、空行、跳格并不会影响程序。合理、恰当地使用这些空格、空行，可以使编写出来的程序更加规范，对日后的阅读和整理有着重要的作用。

> **说明**
> 不是所有的空格都没有用，例如，在两个关键字之间用空格隔开（int main()），这种情况下如果将空格去掉，程序就不能通过编译。

3. main() 函数声明

int main() 的意思是声明 main() 函数为一个返回值为整型的函数。其中的 int 称为关键字，这个关键字代表的类型是整型。关于数据类型的内容将会在本书的第 2 章中进行讲解，在函数中这一部分则称为函数头部分。

> **强调**
> 在每一个程序中都会有一个 main 函数，main 函数是一个程序的入口部分。也就是说，程序都是从 main 函数头开始执行的，然后进入函数中，执行 main 函数中的内容。

4. 函数体

一个函数分为两部分：一部分是函数头，一部分是函数体。

```
{
    printf("Hello,welcome to C world! \n");    /*输出要显示的字符串*/
    return 0;                                   /*程序返回0*/
}
```

以上的程序代码由两个大括号括起来就构成了函数体，函数体可以称为函数的语句块。在函数体中，"printf("Hello,welcome to C world!\n");"和"return 0;"这两条语句就是函数体重要的执行内容。

5. 执行语句

在函数体中，执行语句就是函数体中要执行的内容。代码"printf("Hello,welcome to C world!\n");"中的"printf"是产生格式化输出的函数，它的作用是向控制台输出文字或符号。括号中的内容称为函数的参数，在括号内可以看到输出的字符串"Hello, welcome to C world!"。执行语句中有"\n"，它叫做转义符，含义是把光标移动到下一行的行首，也就是回车换行。因为无法直接通过键盘输入换行的指令，所以需要使用转义符。

6. return 语句

"return 0；"这行语句使 main 函数终止运行，并向操作系统返回一个"0"整型常量。前面介绍 main 函数时，提过返回一个整型返回值，此时 0 就是要返回的整型。在此处可以将 return 理解成 main 函数的结束标志。

7. 代码的注释

```
printf("Hello,welcome to C world! \n");    /*输出要显示的字符串*/
 return 0;                                 /*程序返回0*/
```

在以上两行代码后面，看到关于代码的文字描述。对于代码的解释描述称为代码的注释。代码注释的作用，就是对代码进行解释说明，以方便用户理解程序代码的含义和设计思想。它的语法格式为：

```
/*注释内容*/
```

说明

虽然没有严格规定程序中一定要写注释，但是为程序代码写注释是一个良好的习惯，这将为以后查看代码带来方便，并且如果程序交给别人看，他人便可以快速地掌握程序思想及代码的作用。

1.4.3 C 程序的结构

1. C 程序的结构

一个 C 程序可以由若干个源程序文件组成，每个源文件可以由若干个函数和预处理命令，以及全局变量声明部分组成，每一个函数由函数首部和函数体组成。C 程序的结构如图 1-2 所示。

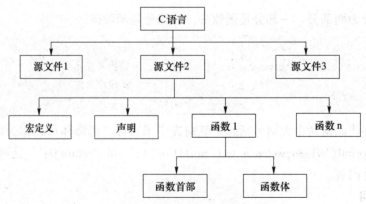

图 1-2 C 程序的结构

C 程序提供了丰富的函数集，称为标准函数库。标准函数库包括 15 个头文件，借助这些函数可以完成不同的功能。在例 1-1 中，实现的是显示"Hello，welcome to C world！"。如果要显示文字或一串字符，只需要调用 printf 函数即可。在编程过程中，要使用 printf()

函数，就要包含标准输入/输出头文件，即#include <stdio. h>。

C 程序是由函数构成的，每个 C 程序必须有并且只有一个主函数，也就是 main( ) 函数，它是程序的入口。使用 main 函数有时也作为一种驱动，按次序控制调用函数，这使得程序容易实现模块化。图 1-3 是对主函数调用其他函数的说明。main( ) 函数后面的 "( )" 不可省略，表示函数的参数列表；"{"和"}"是函数开始和结束的标志，不可省略。

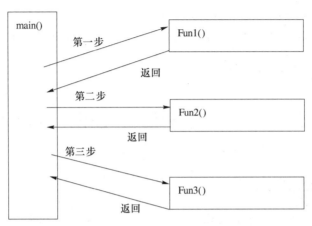

图 1-3 主函数调用其他函数的说明

🔊 说明

主函数 main( ) 在程序中可以放在任何位置，但是编译器会首先找到它，并从它开始运行，它就像汽车的引擎，控制程序中各部分的执行次序。

2. C 程序的格式

1）主函数 main

每个 C 程序都是从 main 函数开始执行的，main 函数不论放在什么位置，都没有关系。

2）C 程序整体是由函数构成的

程序中 main 就是其中的主函数，当然，在程序中是可以定义为其他函数的。在这些定义函数中进行特殊的操作，使得函数完成特定的功能。虽然将所有的执行代码全部代入 main 函数也是可行的，但是如果将其分成一块一块，每一块使用一个函数进行表示，那么整个程序看起来就具有结构性，并且易于观察和修改。

3）函数体的内容在"{ }"中

C 语言使用一对大括号来表示程序的结构层次。每一个函数都要执行特定的功能，而如何界定一个函数的具体操作的范围，取决于"{"和"}"这两个大括号。左、右大括号要对应使用。

📌 强调

在编写程序时，为了防止对应大括号遗漏，每次都可以先将两个对应的大括号写出来，再向括号中添加代码。"{"和"}"一般与该结构的第 1 个字母对齐，并单独占一行。

4) 每一个执行语句都以";"结尾,一个说明或一个语句占一行

在例 1-1 中,每一执行语句后面都有一个";"(分号)作为语句的结束标志。

C 语言中,空格符、制表符、换行符等统称为空白符。除了字符串、函数名和关键字,C 忽略所有的空白符,在其他地方出现时,其作用就是间隔和增加程序的可读性,编译程序对它们忽略不计。

> **注意**
> 在编写 C 程序时,为了使程序更加便于查看和美观,要遵守以下两点:①合理使用空格、空行。②低一层次的语句通常比高一层次的语句留有一个缩进后再书写。

1.5 C 语言的开发过程和开发环境

1.5.1 C 语言的开发过程

C 语言的开发过程一般要经过编辑、编译、连接、运行四个步骤。

1. 编辑

我们把编写的代码称为源文件,或者源代码,输入修改源文件的过程称为编辑。在这个过程中,还要对源代码进行布局排版,使之美观,有层次,并辅以一些说明文字进行注释,以帮助理解代码的含义。经过编辑的源代码,经过保存,生成后缀名为 C 的文件。

2. 编译

要转换 C 语言为可执行文件,需要借助的工具是编译器,转换的过程叫做编译。经过编译,把源文件转换为以 .obj 为后缀名的目标文件。

3. 连接

目标文件是机器代码,是不能够直接执行的,它需要有其他文件或者其他函数库辅助,才能最终生成以 .exe 为后缀名的可执行文件,这个过程称为连接。使用的工具叫连接器。

4. 运行

执行 .exe 可执行文件,生成结果。

C 程序的编写和运行流程如图 1-4 所示。

1.5.2 Turbo C 开发环境及其使用

Turbo C 是美国 Borland 公司的产品,Borland 公司于 1987 年首次推出 Turbo C 1.0 产品,Turbo C 2.0 于 1989 年问世,目前使用的是 Turbo C 2.0。对比现今的有漂亮视窗界面、功能强大的开发软件,Turbo C 略显小巧、直观的操作赢得了不少学习 C 语言的用户的青睐,并

且 Turbo C 为用户提供的是一个集成开发环境，将程序、编译、连接和运行等操作全部集中在一个界面上进行，使得操作非常方便。

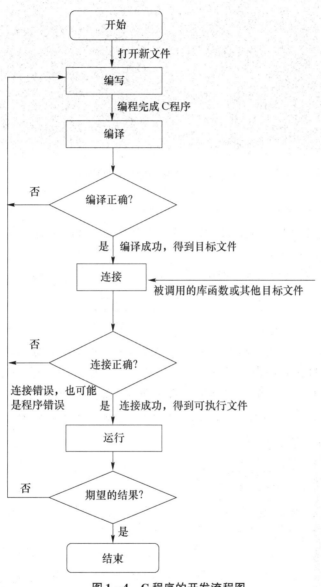

图1-4　C程序的开发流程图

1. 启动 Turbo C 2.0

安装 Turbo C 2.0 之后，可以通过以下方式启动 Turbo C 2.0。

1）命令方式启动

选择"开始"→"程序"→"附件"→"命令提示符"，在打开的命令行中输入 Turbo C 2.0 的路径，如"c:\TC\tc"，按 Enter 键，即可进入 TC 集成环境的主菜单窗口中，如图1-5所示。

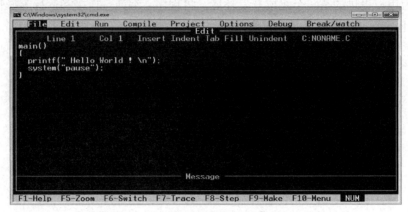

图1-5　TC集成环境的主菜单窗口

> **说明**
> 为了使用TC开发环境，首先将TC编译程序保存在计算机磁盘的某一目录下，例如保存在C盘中的子目录tc下。
> 这个集成开发环境大约只有2 MB，因为它小巧，所以很适合初学者学习使用。但是其界面不是很友好，不能使用鼠标进行操作。

2）从Windows环境进入

在Windows环境中，如果本机中已安装了Turbo C，可以在桌面上建立一个快捷方式，双击该快捷方式即可进入C语言开发环境。或者选择"开始"→"运行"，在运行对话框中输入程序的路径"c:\TC\tc"，单击"确定"按钮即可，如图1-6所示。

图1-6　从Windows环境进入C语言开发环境

2. Turbo C 2.0 开发环境介绍

Turbo C 2.0 的主界面分为 4 个部分，由上至下分别为菜单栏、编辑区、信息区和功能键索引。

（1）菜单栏中的菜单依次代表的含义是：文件操作（File）、编辑（Edit）、运行（Run）、编译（Compile）、项目（Project）、选项（Options）、调试（Debug）、中断/观察（Break/Watch）。在集成开发环境刚被打开时，菜单的默认选项是"File"选项，此时可以使用左、右方向键进行选择。当菜单被选中时，会反色显示，此时如果按 Enter 键，则可以显示其菜单项中的子菜单，如图 1－7 所示。

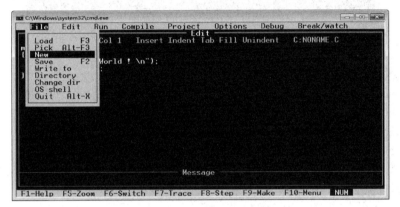

图1－7 显示其菜单项中的子菜单

（2）选择"Edit"菜单之后就可以编写程序了。将例 1－1 中的代码输入开发环境中，如图 1－8 所示。

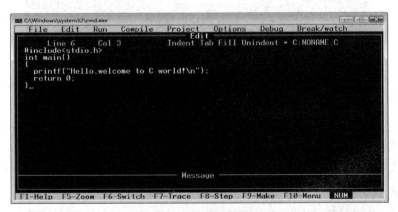

图1－8 代码编写界面

（3）在图 1－8 中可以看到，已经将代码输入开发环境中。代码输入完成后，对其进行编译，使用快捷键 Alt＋C，选择"Compile"菜单中的"Compile to OBJ"命令，按 Enter 键进行编译，生成一个后缀为 .obj 的目标文件，如图 1－9 所示。

（4）选择"Compile"菜单中的"Link EXE file"命令，目的是进行连接操作，可得到一个后缀为 .exe 的可执行文件。

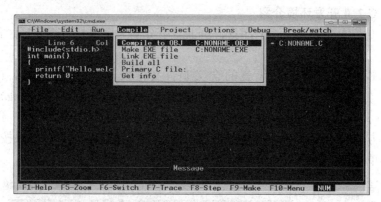

图1-9 代码编译

> **注意**
> 在"Compile"菜单中还有一个选项"Make EXE file",使用这个选项,就不需要进行第(3)和第(4)步操作。"Make EXE file"选项将两项合为一项进行操作,这样可以一次完成编译和连接操作。

(5)选择"Run"菜单中的"Run"命令,或使用快捷键 Ctrl + F9,系统便会执行已编译和连接好的目标文件,如图1-10所示。

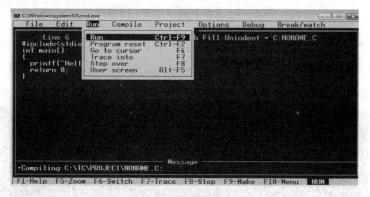

图1-10 代码运行

(6)如果在运行时出现错误,想对程序进行修改,就可以使用快捷键 Alt + E 重新回到编辑程序的状态。当程序没有错误时,选择"Run"菜单下的"User screen"命令,或使用快捷键 Alt + 5 观察程序的执行结果,如图1-11所示。

图1-11 运行结果

(7)通过"File"菜单中的"Quit"命令可以进行 TC 开发环境的退出操作,也可按快捷键 Alt + X 执行退出操作。在退出前,应该对文件进行保存,可以对这时出现的文件的提示信息进行选择，如图 1-12 所示。

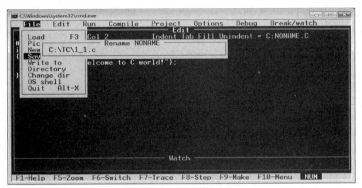

图 1-12　程序保存

> **强调**
>
> 　　当 Turbo C 2.0 集成开发环境没有放在 C 盘根目录的子目录 tc 下，而是放在 D 盘根目录下一级 tc 子目录下时，要在源文件编译和连接前更改路径。

1.5.3　Visual C++6.0 开发环境及其使用

　　Visual C++6.0 是一个功能强大的可视化软件开发工具，它集程序的代码编辑、程序编译、连接和调试等功能基于一身。Visual C++6.0 操作和界面都要比 Turbo C 的友好，使得开发过程更快捷、方便。下面学习在 Visual C++6.0 中开发 C 语言程序操作。

1. 启动 Visual C++6.0

　　安装 Microsoft Visual Studio 6.0 或单独安装 Visual C++6.0 之后，选择"开始"→"程序"→"Microsoft Visual Studio 6.0"→"Microsoft Visual C++6.0"菜单命令，即可启动 Visual C++6.0。

2. Visual C++6.0 开发环境介绍

　　（1）打开 Visual C++6.0 开发环境后，进入 Visual C++6.0 的界面，如图 1-13 所示。

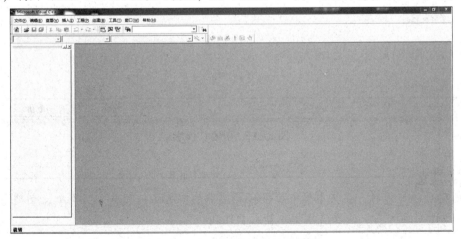

图 1-13　Visual C++6.0 的界面

(2) 在编写程序前,首先要创建一个新的文件,具体方法为:在 Visual C++6.0 界面上方的菜单栏中选择"文件"→"新建",或者使用快捷键 Ctrl + N 菜单,如图 1-14 所示。

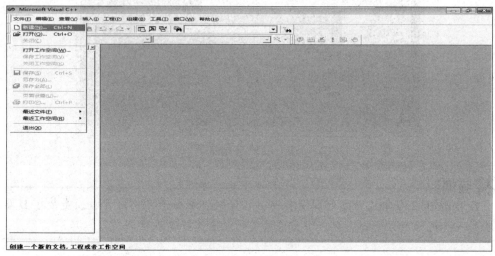

图 1-14 创建文件

(3) 选择"新建"菜单后,会出现一个选择创建文件类型的对话框。在这个对话框中可以选择要创建的文件类型。要创建一个 C 源文件,首先选择"文件"选项卡,选择"C++ Source File"选项,在右边"文件名"文本框中输入要创建的文件名称,如图 1-15 所示。

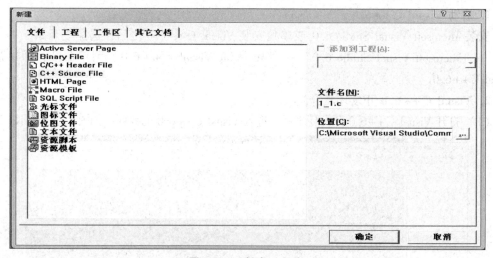

图 1-15 创建 C 程序

注意

创建 C 源文件时,在文本框中要将 C 源文件的扩展名一起输入。例如,创建名称为"Hello"的 C 源文件,应在文本框中输入"Hello.c"。

第 1 章　C 程序设计初步　　15

（4）当指定好源文件的保存地址和文件的名称后，单击"OK"按钮，创建一个新的文件，如图 1 – 16 所示。

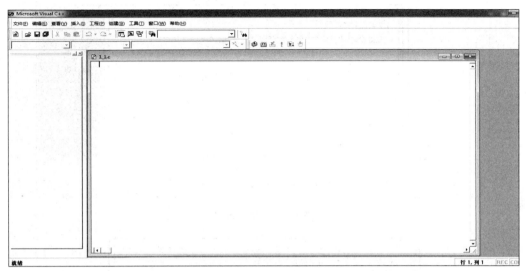

图 1 – 16　代码编辑区

（5）将例 1 – 1 的代码输入图 1 – 16 中，效果如图 1 – 17 所示。

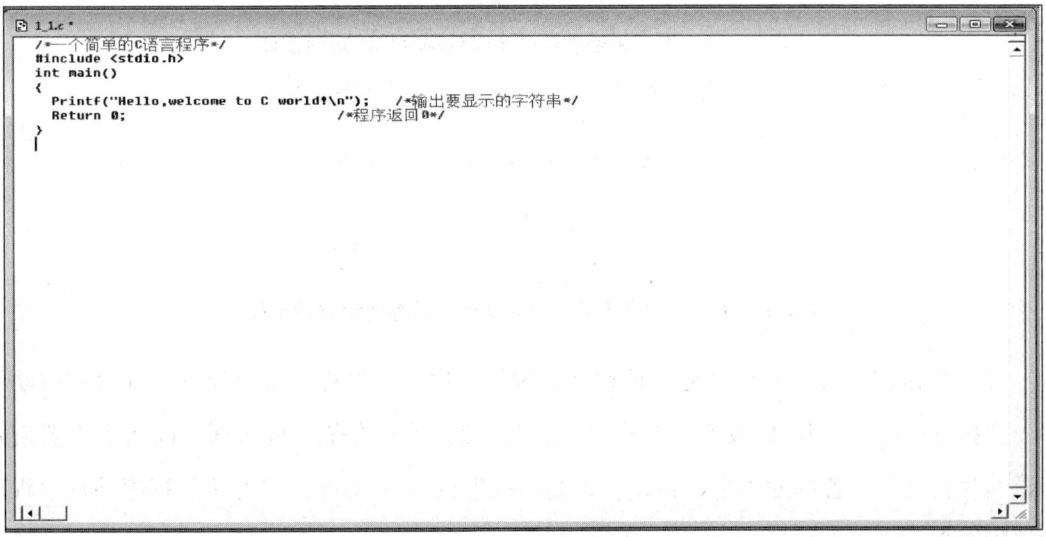

图 1 – 17　输入代码

（6）对编辑好的程序进行编译，选择"组建"→"编译"命令，如图 1 – 18 所示。
（7）选择"编译"命令后，会出现如图 1 – 19 所示的对话框，询问是否创建一个默认项目环境。
（8）在"询问"对话框中单击"是"按钮，会询问是否要改动源文件的保存地址，如图 1 – 20 所示。

图 1-18　程序编译

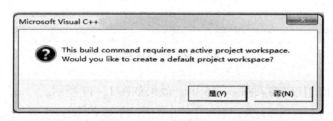

图 1-19　询问是否创建一个默认项目环境对话窗口

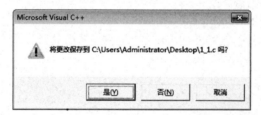

图 1-20　询问是否要改动源文件的保存地址对话窗口

（9）单击图 1-20 中的"是"按钮后，编译程序。如果程序没有错误，即可被成功编译。要执行程序，单击 ! 按钮，会出现如图 1-21 所示的提示对话框，询问是否要创建. exe 可执行文件。若单击"是"按钮，则会连接生成. exe 文件，即可执行程序并观察程序的显示结果。

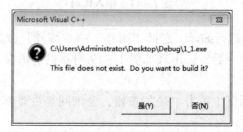

图 1-21　询问是否要创建. exe 可执行文件对话窗口

!注意

在编译程序时,可以直接选择 Build 命令进行编译、连接,这样可以不用进行第(7)步中的 Compile 操作,而直接将编译和连接操作一起执行。

对 Visual C++6.0 集成开发环境的使用进行以下补充。

1)工具栏按钮的使用

Visual C++6.0 集成开发环境提供了许多有用的工具栏按钮:

🗇:代表编译操作。

📷:代表新建操作。

!:代表执行操作。

2)常用的快捷键

在编写程序时,使用快捷键会加快程序的编写进度。

Ctrl+N:创建一个新文件。

Ctrl+J:检测程序中的括号是否匹配。

F7:新建操作。

Ctrl+F5:执行(Execute)操作。

Alt+F8:整理多段不整齐的源代码操作。

F5:进行调试。

3)修改程序运行结果的显示底色和文字

(1)使用快捷键 Ctrl+F5 执行例 1-1 中的程序,在程序的标题栏上单击鼠标右键,弹出一个快捷菜单,选择"属性"菜单项,如图 1-22 所示。

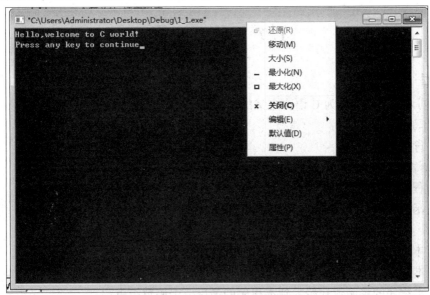

图 1-22 弹出一个快捷菜单

（2）选择"属性"命令，弹出属性对话框，选择"颜色"选项卡，对其中的"屏幕文字"和"屏幕背景"进行修改，如图1-23所示。

图 1-23　属性对话窗口

1.6　本章小结

本章讲解了 C 语言的发展历史，通过 C 语言的发展历史可以看出 C 语言的重要性及其重要地位。然后讲解了编程前的准备和开发程序的周期。再通过一个简单的 C 程序掌握 C 语言的构成及如何编写 C 程序。而对于 C 程序开发环境的介绍，则通过实例的创建，对如何使用 Turbo C 2.0 和 Visual C++6.0 这两种集成开发环境进行了详细的说明。

1.7　习　　题

一、选择题

1. 下列人物当中，称为 C 语言之父的是(　　)。
   A. 马丁·理塞斯　　　　　　B. 丹尼斯·里奇
   C. 肯·汤普逊　　　　　　　D. 比雅尼·斯特劳斯鲁普
2. C 语言程序的基本单位为(　　)。
   A. 程序行　　　　　　　　　B. 语句
   C. 函数　　　　　　　　　　D. 字符
3. 一个 C 语言的执行是从(　　)。
   A. 本程序的主函数开始，到本程序的主函数结束
   B. 本程序的第一个函数开始，到本程序的最后一个函数结束
   C. 本程序的主函数开始，到本程序的最后一个函数结束
   D. 本程序的第一个函数开始，到本程序的主函数结束

4. C语言的程序一行写不下时，可以(　　)。
   A. 用逗号换行　　　　　　　　B. 用分号换行
   C. 在任意一空格处换行　　　　D. 用回车符换行
5. 以下描述错误的是（　　）。
   A. 程序总是从 main 函数开始执行
   B. 注释"/*"和"*/"不可以嵌套
   C. C 源程序经过编译先生成目标文件，再经过连接才能生成可执行文件
   D. 代码如果没有缩排，则是错误的

二、编程训练

1. 编写 C 程序，在命令行中输出如下一行内容：
   "你好，世界！"
2. 编写 C 程序，在命令行中输出如下三行内容：
   One　　　　123
   Two　　　　456
   Three　　　789

三、扩展项目训练

项目名称：字符形状的输出

【问题提出】编写一个 C 程序，输出以下信息：

```
* * * * * * * * * * * * * * * * * * * * * * * * *
             Very    Good！
* * * * * * * * * * * * * * * * * * * * * * * * *
```

第 2 章

语 言 基 础

- ➢ 掌握程序的注释、花括号的使用
- ➢ 认识标识符、关键字
- ➢ 掌握基本数据类型及数据的表示
- ➢ 掌握如何使用常量和变量
- ➢ 掌握如何使用输入和输出函数
- ➢ 掌握不同类型数据之间的转换

本章重点
- ➢ 标识符、关键字的识别
- ➢ 基本数据类型及数据的表示
- ➢ 常量和变量的使用
- ➢ 输入和输出函数的使用
- ➢ 不同类型数据之间的转换

本章难点
- ➢ 输入和输出函数的使用
- ➢ 不同类型数据之间的转换

程序设计解决的问题都是实际应用问题，涉及各种各样的科学计算，而实际问题转换为程序，要经过一个对问题抽象的过程。只有建立完善的数学模型，才能设计一个问题解决程序，这需要程序员具有良好的数学基础。相反，数学上的问题如今用程序设计来解决，不但可以节省时间，而且正确率还能得到保证，起到事半功倍的作用。比如，中国古代数学中的一些数学题目，如百鸡百钱，还有本章将讲到的鸡兔同笼问题等，如图 2-1 所示。

图 2-1 鸡兔同笼问题运行的结果

2.1 注释、大括号、关键字、标识符

2.1.1 程序注释

程序注释指的是对程序代码的解释描述，用来对代码进行解释说明，以方便理解程序代码的含义和设计思想。它的语法格式为：

```
/*其中为注释内容*/
```

或

```
//注释内容
```

在编写 C 程序时，尽量采用行注释，如果行注释与代码处于一行，则注释应位于代码右方。如果连续出现多个行注释，并且代码较短，则应对齐注释。

如：程序注释

```
float a;                //定义 float 型变量 a
double b, c;            //定义 double 型变量 b 和 c
a = 123.456789;         /*对变量 a 赋值为 123.456789 */
b = a;                  /*将变量 a 赋给变量 b */
c = 123.456789;         /*对变量 c 赋值为 123.456789 */
```

> **注意**
>
> 使用注释的要求：
> （1）使用"/*"和"*/"表示注释的起止，注释内容写在这两个字符之间。注释表示对某语句的说明，不属于程序代码的范畴。
> （2）"/"和"*"之间没有空格。
> （3）注释可以注释单行，也可以注释多行，并且注释不允许嵌套，嵌套会产生错误。
> （4）"//"仅用于单行注释。

2.1.2 花括号的使用

花括号内称为函数体，函数体是由零个或多个语句组成的。花括号标明函数起始位置和结束位置。花括号"{""}"主要是把内部的多个语句绑在一起，当成一个语句，主要有以下几种用法：

1. 函数

```
int func() {...}
```

此处的花括号表示将这个部分括起来，是开始和结束的标志。

2. 宏定义

```
#define  ADD(X,Y)  {X+Y;}
```

只是单纯地把整个部分包含起来。

3. 数组赋值

```
int a[] = {1,2,3};
```

4. 函数内部使用

用于特定语法。

如：if( ){…}、while(…){…}等。

说明

只要是括号，就需要成对出现，花括号所起的作用主要是划分区域。比如：if(a>b) println("a>b")；与if(a>b) { println("a>b")；}，其实效果是一样的。但有的时候必须用到花括号。比如，当if语句后有多条语句时，就需要使用花括号与别的语句进行区分。

2.1.3 标识符与关键字

1. 标识符

在C语言中，为了在程序的运行过程中可以使用变量、常量、函数、数组等，需要为这些形式设定一个名称，所设定的名称就是所谓的标识符。标识符的名称可以由用户来决定，但也不是想怎么命名就怎么命名的，需要遵循以下规则。

（1）标识符只能是由英文字母（A~Z，a~z）、数字（0~9）和下划线(_)组成的字符串，并且其第1个字符必须是字母或下划线。

例如，标识符命名：

```
int  number;
int  _long;
```

（2）英文字母的大小写代表不同的标识符，C语言中是区分大小写字母的。

例如：

```
int  width;
int  WIDTH;
```

（3）标识符不能是关键字。关键字是定义一种类型时所使用的字符，不能使用标识符。例如，定义一个整型时，会使用int关键字进行定义，但是定义的标识符就不能使用int了。但将int改写成大写字母，就可以将其作为标识符使用了，并且可以通过编译。

例如：

```
int  INT;
```

（4）标识符的命名最好具有相关的含义。将标识符设定成有一定含义的名称，这样可以方便程序的编写。具有含义的标识符可以使程序便于观察、阅读。

例如，定义一个长方体的长、宽和高：

```
int   ilong;
int   iwidth;
int   iheight;
```

（5）ANSI 标准规定，标识符可以为任意长度，但要符合最短长度表达最多信息的原则。

2. 关键字

关键字是 C 程序中的保留字，通常已有各自的用途（如函数名），不能用来做标识符。表 2-1 列出了 C 语言中的所有关键字。

表 2-1 C 语言中的关键字

auto	double	int	struct
break	else	long	switch
case	enum	register	typedef
char	exterm	union	return
const	float	short	unsigned
continue	for	signed	void
default	goto	sizeof	volatile
do	while	static	if

例如：

```
int  double;   /*是错误的,会导致程序编译错误*/
```

 强调

在 C 语言中，关键字是不允许作为标识符出现在程序中的。

2.2 数据类型、常量、变量

2.2.1 基本数据类型与数据的表示

程序在运行时要做的工作是处理数据。程序要解决复杂的问题，就要处理不同的数据。不同的数据都是以一种特定形式（如整型、实型、字符型等）存在的，不同的数据类型占用不同的存储空间。C 语言中有多种不同的数据类型，其中包括基本类型、构造类型、指针类型和空类型，如图 2-2 所示。

1. 基本类型

基本类型，就是指 C 语言中的基础类型，其中包括整型、字符型、实型（浮点型）、枚举型。

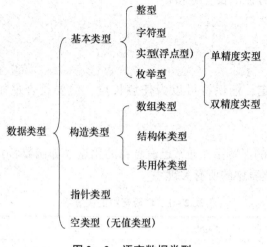

图 2-2 语言数据类型

以下4个关键字（修饰符）可用来作为前缀，修饰整型、字符型、浮点型，如图2-3所示。

图 2-3 基本类型的关键字

1）整型（int）数据

int 类型在内存中占用了4个字节，也就是32位。int 类型是有符号的，因此，32位并不全部用来存储数据，使用最高位来存储符号，最高位是0，提示数据是正数，最高位是1，表示数据是负数，使用其他的31位来存储数据。整型数据的取值范围见表2-2。

表 2-2 整型取值范围

类型说明符	字节数	数的范围
int	4	$-2^{31} \sim (2^{31}-1)$
unsigned int	4	$0 \sim (2^{32}-1)$
short int	2	$-2^{15} \sim (2^{15}-1)$，即 $-32\,768 \sim 32\,767$
unsigned short int	2	$0 \sim (2^{16}-1)$，即 $0 \sim 65\,535$
long int	4	$-2^{31} \sim (2^{31}-1)$
unsigned long int	4	$0 \sim (2^{32}-1)$

整型数据都是以二进制的方式存放在计算机的内存中的，其数值是以补码形式进行表示的。一个正数的补码与其原码的形式相同，一个负数的补码是将该数绝对值的二进制形式按位取反加1。

如：正数11和负数11的存储形式见表2-3。

表2-3 正数10和负数-10的存储形式

正数10的存储形式	0	0	0	0	0	0	0	0	0	0	0	0	1	0	1	1
负数-10的存储形式	1	1	1	1	1	1	1	1	1	1	1	1	0	1	0	1

2）字符型数据

字符型是整型数据中的一种，它存储的是单个的字符，其存储按照 ASCII 码（American Standard Code for Information Interchange，美国信息交换标准码）的编码方式，每个字符占一个字节（8位）。字符使用单引号引起来，比如'A''5''S'等。字符型取值范围见表2-4。

表2-4 字符型取值范围

类型说明符	取值范围	字节数
char	-128~127	1
signed char	-128~127	1
unsigned char	0~255	1

3）实型（浮点型）数据

C 语言中除了整型外的另外一种数据类型就是浮点型，浮点型可以表示有小数部分的数据。浮点型包含3种数据类型，分别是单精度 float 类型、双精度 double 类型和长双精度 long double 类型。浮点型数据的位数、有效数字和取值范围见表2-5。

表2-5 实型（浮点型）取值范围

类型说明符	位数	有效数字	取值范围
float	4	6~7	$10^{-37} \sim 10^{38}$
double	8	15~16	$10^{-307} \sim 10^{308}$
long double	16	18~19	$10^{-4931} \sim 10^{4932}$

例如，浮点型数据的表示：

```
float f = 123456.00;
float m = 1234.56789;
float n = 1.23e-2;
```

浮点型数据在计算机内存中的存储方式与整型数据的不同，浮点型数据是按照指数形式存储的。系统把一个浮点型数据分成小数部分和指数部分分别存放。指数部分采用规范化指数形式。根据浮点型表现形式，浮点型分为小数形式和指数形式两种。

> **说明**
> 对于指数形式,有以下两点要求:
> (1) 字母 e 前面必须要有数字。
> (2) 字母 e 后面必须要有整数。

2. 构造类型

构造类型就是使用基本类型的数据,或者使用已经构成好的数据类型,进行添加、设计,构造出新的数据类型,并使设计的新构造类型满足解决问题的需要。

构造类型包括3种形式:数组类型、结构体类型和共用体类型。

3. 空类型

空类型的关键字是 void,其主要作用是限定函数返回值和函数参数。

> **强调**
> 一般一个函数具有一个返回值,这个返回值应该具有特定的类型,例如,整型 int。但是当函数不必返回一个值时,就可以使用空类型设定返回值的类型。

2.2.2 常量和变量

在程序中使用的数据有两种形式:常量和变量。

1. 常量

在程序运行过程中,其值不能被改变的量。

特点:仅仅用来表示数据,而不能存储数据,值是固定的。

常量分为整型、实型、字符型、字符串常量和符号常量。常量的表示方法如下:

整型:10,15,-10。
实型:3.14,0.125。
字符型:'a','b'。
字符串常量:"string"。

【例 2-1】显示不同类型的常量的值。

程序清单

```
//显示不同数据类型的常量
#include <stdio.h>
main(void)
{
    printf("10\n");          //输出 10 并换行
    printf("-10\n");         //输出 -10 并换行
    printf("123.456\n");     //输出 123.456 并换行
    printf("a\n");           //输出 a 并换行
    printf("bcdf\n");        //输出 bcdf 并换行
    return 0;                //程序结束
}
```

运行结果如图 2-4 所示。

图 2-4 显示不同类型常量的值的运行结果

代码解析：

printf 的作用是输出双引号里的内容，"\n"不显示，作用是换行。由于主函数使用了 int 类型，因此，在程序结束时一定要有返回值，语句 "return 0；" 就是起程序安全退出的作用。如果使用的是 "void main( )" 语句，可以省略返回语句。本例中有 5 个常量，分别为数值 10、-10、123.456，字符 'a' 和字符串常量 'bcdf'。

（1）数值常量。

数值常量分为整型常量和实型常量，数值常量的值有正负之分。整型常量又称为整数。整数可用三种形式表示：十进制整数、八进制整数、十六进制整数。整型常量数据的表现形式见表 2-6。实型也称为浮点型，实型常量也称为实数或浮点数，也就是在数学中用到的小数。C 语言中，实型常量采用十进制表示。

表 2-6 整型常量数据的表现形式

整型形式	数据表示	数字举例
十进制	由数字 0~9 所构成	123
八进制	加前导 0	0123
十六进制	加前导 0x	0x123

思考题：下列整型常量中哪些是非法的？
012,oX7A,00,078,0x5Ac,-0xFFFF,0034,7B。

【例 2-2】在命令行中输出数值常量。

程序清单

```
#include <stdio.h>
main(void)
{
    printf("123\n");             //输出 123 并换行
    printf("-123\n");            //输出 -123 并换行
    printf("1.23456\n");         //输出 1.23456 并换行
    printf("-1.23456\n");        //输出 -1.23456 并换行
    return 0;                    //程序结束
}
```

运行结果如图2-5所示。

图2-5 在命令行中输出数值常量运行结果

代码解析：

代码中的"scanf("%lf%lf%lf",&a,&b,&c);"，数据类型为 double 时，输入/输出采用%lf；"area = sqrt(s*(s-a)*(s-b)*(s-c));"中 sqrt 是一个非负实数的平方根的公式。

> **注意**
>
> 在数学中，数字的范围是无限的，但是在 C 语言的世界里，数值都有一定的范围，超过这个范围就会出现错误。

> **思考**
>
> 在 C 语言中，数值常量如果大到一定的程度，程序就会出现错误，无法运行，这是为什么？

（2）字符常量。

使用单引号括起一个字符，这种形式就是字符常量。

如：'A' 'B' '#'。

字符常量中还有一种特殊情况，如例2-2中的"\n"，就是通常所说的转义字符。这种字符以反斜杠(\)开头，后面跟一个字符或者一个八进制或十六进制数，表示的不是单引号里面的值，而是转义，即转化具体的含义。表2-7是 C 语言中常见的转义字符。

表2-7　C 语言中常见的转义字符

字符形式	含义
\n	换行
\t	水平制表符，跳到下一个 tab 位置
\r	回车，从当前位置移到本行开头
\b	退格，从当前位置移到前一列
\v	垂直制表符
\a	响铃
\f	换页符
\?	问号字符
\\	反斜杠字符"\"
\'	单撇号字符"'"
\"	双撇号字符"""
\ddd	1~3 位八进制数所代表的字符
\xhh	1~2 位十六进制数所代表的字符
\x20	空字符

> **注意**
> 使用字符常量需注意的事项:
> (1) 字符常量中只能包括一个字符,而不是字符串。
> (2) 字符常量是区分大小写的。
> (3) ' ' 这对单引号代表的是定界符,不属于字符常量的一部分。

【例 2-3】比较字符常量的含义。

程序清单

```
#include <stdio.h>
main(void)
{
    printf("a,A\n");              //输出 a,A 并换行
    printf("123\x20\'\x20\"\n");  //输出 123、空格、单引号、空格和双引号并换行
    return 0;                     //程序结束
}
```

运行结果如图 2-6 所示。

```
a,A
123 ' "
Press any key to continue
```

图 2-6 字符常量的含义运行结果

代码解析:

代码中第 4 行首先输出一个小写字母 "a",然后又输出一个大写字母 "A",接着输出一个转义字符"\",相当于输出一个换行符。代码中的第 5 行先输出一个数值常量 123,接着输出一个转义字符"\",相当于一个空格,接着输出转义字符"\'",相当于一个单引号,接下来又输出空格、双引号,最后输出换行符。

(3) 字符串常量。

字符串常量是用一组双引号括起来的若干字符序列。如果在字符串中一个字符都没有,则称为空串。C 语言中存储字符串常量时,系统会在字符串的末尾自动加一个"\0"作为字符串的结束标志。

> **注意**
> 在程序中编写字符串常量时,不必在一个字符串的结尾处加上"\0"结束字符,系统会自动添加结束字符。

> **强调**
> " " 和 ' ' 的区别:
> (1) 书写形式不同:字符串常量用双引号,字符常量用单引号。
> (2) 存储空间不同:在内存中,字符常量只占一个存储空间,而字符串存储时,须令占用一个存储空间的结束标记"\0",所以字符串在内存中占空间为 n+1 个字节。
> (3) 二者的操作功能不相同。

【例2-4】输出字符串常量。

程序清单

```c
#include <stdio.h>
main(void)
{
    printf("This is my C program! \n");    //输出字符串并换行
    return 0;                               //程序结束
}
```

运行结果如图2-7所示。

```
This is my C program!
Press any key to continue
```

图2-7 输出字符串常量运行结果

(4) 符号常量。

当某个常量引用起来比较复杂而又经常要被用到时,可以将该常量定义为符号常量。也就是分配一个符号给这个常量,在程序中引用时,这个符号代表实际的常量。在 C 语言中,允许将程序中的常量定义为一个标识符,这个标识符称为符号常量。符号常量必须在使用前定义,定义的格式为

```
#define  <符号常量>  <常量>
```

!注意
　　<符号常量>通常使用大写字母表示,<常量>可以是数值常量,也可以是字符常量。一般情况下,符号常量定义命令要放在主函数 main()之前。

【例2-5】使用符号常量计算圆的周长。

程序清单

```c
#define PI 3.14159
#include <stdio.h>
main(void)
{
    float r;                                //变量r的定义
    printf("请输入圆的半径:");               //提示输入圆的半径
    scanf("%f",&r);                         //读取输入的值
    printf("圆的周长为:%f\n",2*PI*r);        //计算圆的周长并输出
    return 0;                               //程序结束
}
```

运行结果如图2-8所示。

图2-8 计算圆的周长和面积运行结果

代码解析：

根据提示输入圆的半径4，按Enter键，程序就会计算圆的周长并输出。由于在程序中定义了符号常量PI的值为3.14159，所以，经过系统预处理，在程序编译之前就已经将"2 * PI * r"变为"2 * 3.14159 * 4"，然后计算并输出。

> **说明**
> （1）符号常量不同于变量，它的值在其作用域内不能改变，也不能被赋予。
> （2）通常符号常量名用大写英文标识符，而变量名用小写英文标识符。
> （3）定义符号常量的目的是提高程序的可读性，因此，定义符号常量名时，应尽量使其表达它所代表的常量的含义。
> （4）对于程序中用双引号括起来的字符串，即使其与符号一样，预处理时也不做替换。

2. 变量

程序中不能改变的数据叫做常量，而能改变的数据就称为变量。变量用于存储程序中可以改变的数据。每一个变量都是一种类型，每一种类型都定义了变量的格式和行为。每个变量有自己的名称，并且在内存中占用存储空间，其中变量的大小取决于类型。C语言中的变量类型有整型变量、实型变量、字符型变量。

1）变量的声明

在使用一个变量之前，要对这个变量进行声明。变量声明主要告诉编译器程序使用的变量及与变量相关的属性，包括变量的名称、类型和长度等。变量的声明语句的形式如下：

```
变量类型名  变量名
```

如：

```
int  num;
double  area;
char  name;
```

变量类型名是C语言自带的数据类型和用户自定义的数据类型。C语言自带的数据类型包括整型、字符型、浮点型、枚举型和指针类型等。在上面的例子中，变量num是int类型，area是double类型，name是char类型。

> **注意**
> 变量名命名需要注意：
> （1）变量名区分大小写。
> （2）变量名的命名最好与实际应用有关联。
> （3）变量名的命名必须在变量使用之前。如果没有经过声明而直接使用，则会出现编译器报错的现象。

2）变量的定义

变量的定义比变量的声明多了一个分号，但是声明只是告诉编译器关于变量的属性，而定义除此之外，还给变量分配了所需的内存空间。

变量定义的形式与声明一致：

变量类型名　变量名；

如：比较下面语句的不同：

```
int i
int i;
```

"int i" 是变量 "i" 的声明，"int i;" 是变量 "i" 的定义。

说明

变量的声明和变量的定义的区别：

（1）形式不同：定义比声明多了一个分号，就是一个完整的语句。

（2）其作用的时间不同：变量声明是告诉编译器在程序中使用了哪些变量，以及这些变量的数据类型及变量的长度，然后为变量分配存储作用。变量定义是定义合法类型、长度的值给变量，即赋值。

思考

比较下面语句的不同：

（1）int i;

（2）int i, j, k;

（3）int i, j, k = 10;

（4）int i = 10, j = 20, k = 20;

3）变量的数据类型

（1）整型变量。

整型变量就是一个不包含小数部分的数。在 C 语言中，根据数值的取值范围，可以将整型定义为短整型（short int）、基本整型（int）和长整型（long int）。

说明

通常所说的定义的整型，都是指有符号整型 int。

如：

```
int iNumber;                    //定义有符号的整型变量
unsigned iUnsignedNum;          //定义无符号的整型变量
short iShortNum;                //定义有符号的短整型变量
unsigned short iUnsignedShNum;  //定义无符号的短整型变量
long  iLongNum;                 //定义有符号的长整型变量
unsigned long  iUnsignedLongNum;    //定义无符号的长整型变量
```

(2)实型变量。

实型变量也可以称为浮点型变量,浮点型变量是用来存储小数数值的。在 C 语言中,浮点型变量分为两种:单精度浮点数(float)、双精度浮点数(double),但是 double 型变量所表示的浮点数比 float 型变量更精确。

如:

```
float fFloatStyle;//定义单精度类型变量
double dDoubleStyle;//定义双精度类型变量
long double fLongDouble;//定义长双精度类型变量
```

(3)字符型变量。

字符型变量用于存储单一字符,在 C 语言中用 char 表示,其中每个字符变量都会占用 1 个字节。在给字符型变量赋值时,需要用一对英文半角格式的单引号(' ')把字符括起来。

```
char ch ='A';
```

(4)枚举型变量。

C 语言提供了一种称为"枚举"的类型。枚举类型就是其值可以被一一列举出来,并且变量的取值不能超过定义的范围。其格式如下所示:

```
enum  枚举名{标识符1 = 整型常量1,标识符2 = 整型常量2,...};
```

2.2.3 基本的输入/输出

在 C 语言开发中,经常会进行一些输入/输出操作,为此,C 语言提供了 printf( )和 scanf( )函数,其中 printf( )函数用于向控制台输出字符,scanf( )函数用于读取用户的输入。

1. 格式输出函数

printf 函数是用于格式输出的函数,也称为格式输出函数。printf 函数的作用是向终端输出若干任意类型的数据。printf 函数的一般格式为:

```
printf(格式控制,输出列表)
```

1)格式控制

格式控制是用双引号括起来的字符串,此处也称为转换控制字符串。其中一种是格式字符,另一种是普通字符。

(1)格式字符用来进行格式说明,作用是将输出的数据转化为指定的格式输出。格式字符是以"%"字符开头的。

(2)普通字符是需要原样输出的字符,其中包括双引号内的逗号、空格和换行符。

2)输出列表

输出列表中列出的是要进行输出的一些数据,可以是变量或表达式。

例如,输出一个整型变量:

```
int   iNum=10;
printf("this is % d",iNum);
```

上面两条语句显示出来的字符是"this is 10",其中的"this is"字符串是普通字符,

"%"是格式字符,表示输出的是后面的 iNum 的数据。

printf 是函数,"格式控制""输出列表"都是函数的参数,因此 printf 函数的一般形式也可以表示为:

printf(参数1,参数2,…,参数n)

函数中的每一个参数按照给定的格式和顺序依次输出,而 printf 函数的格式字符见表2-8。

表2-8　printf 函数格式字符

格式字符	功能说明
d, i	以带符号的十进制输出整数(整数不输出符号)
o	以八进制无符号形式输出整数
X, x	以十六进制无符号形式输出整数,用 x 输出十六进制整数 a~f 时,以小写形式输出;用 X 时,则以大写字母输出
u	以无符号十进制形式输出整数
c	以字符形式输出,只输出一个字符
s	输出字符串
f	以小数形式输出
E, e	以指数形式输出实数,用 e 时,指数以"e"表示;用 E 时,指数以"E"表示
G, g	选用%f 或%e 格式中输出宽度较短的一种形式,不输出无意义的0,若以指数形式输出,则指数以大写表示
字母 l	用于长整型整数,可加在格式符 d、o、x、u 前面
m(代表一个整数)	数据最小宽度
n(代表一个整数)	对实数,表示输出 n 位小数;对字符串,表示截取的字符个数
-	左对齐,右边填空空格

【例2-6】使用格式输出函数 printf。

程序清单

```
#include <stdio.h>
int main()
{
    int iInt =10;           //定义整型变量
    char cChar ='A';        //定义字符型变量
    float fFloat =12.34f;   //定义单精度浮点型变量
    long iLong =100000;     //定义长整型变量

    printf("the int is:% d\n",iInt);//使用 printf 函数输出整型
```

```
    printf("the char is:%c\n",cChar);//使用printf函数输出字符

    printf("the float is:%f\n",fFloat);//使用printf函数输出浮点型

    printf("the string is:%s\n","hello");//printf函数输出字符串

    printf("the Long is:%ld\n",iLong);//使用printf函数输出字符串

    printf("the string is:%10s\n","hello");//使用m控制输出列

    printf("the string is:% -10s\n","hello");// -表示向左靠拢
    return 0;                             //程序结束
}
```

运行结果如图 2-9 所示。

图 2-9 使用格式输出函数 printf 运行结果

代码解析：

在程序中，在 printf 函数中使用格式字符 "%d" 来按整型数据的实际长度输出，使用格式字符 "%c" 输出一个字符，使用格式字符 "%f" 输出实型变量的数值，使用格式符 "%ld" 输出长整型数值。使用 "%s" 将一个字符串输出，字符串不包括双引号。"%10s" 为格式 "%ms"，表示输出字符串占 m 列，如果字符串本身长度大于 m，则突破 m 的限制，将字符串全部输出；若字符串小于 m，则用空格进行左对齐。"% -10s" 为格式 "% -ms"，表示如果字符串长度小于 m，则 m 列范围内字符串向左靠，右补空格。

> **注意**
> 在使用 printf 函数时，除了 X、E、G 外，其他格式字符必须用小写字母。

2. 格式输入函数

格式输入函数 scanf 的功能是接收用户从键盘上输入的数据，并按照格式控制符的要求进行类型转换，然后送到由对应参数所指定的变量单元中去。其一般格式为：

scanf(格式控制串,参数地址1,参数地址2,…);

如：

scanf("%d%f",&a,&b);

在 printf 函数中有格式字符，相应地，scanf 函数中也有格式字符，见表 2-9。

表 2-9 scanf 函数格式字符

格式字符	功能说明
d, i	以带符号的十进制输出整数（整数不输出符号）
o	以八进制无符号形式输出整数
X, x	以十六进制无符号形式输出整数，用 x 输出十六进制整数 a~f 时，以小写形式输出；用 X 时，则以大写字母输出
u	以无符号十进制形式输出整数
c	以字符形式输出，只输出一个字符
s	输出字符串
f	以小数形式输出
E, e	以指数形式输出实数，用 e 时，指数以 "e" 表示；用 E 时，指数以 "E" 表示
G, g	选用%f 或%c 格式中输出宽度较短的一种形式，不输出无意义的 0，若以指数形式输出，则指数以大写表示
字母 l	用于长整型整数，可加在格式符 d、o、x、u 前面及 double 型的数据（%lf 或 %lc）
h（代表一个整数）	用于输入短整型数据（可用于%hd、%ho、%hx）
n（整数）	指定输入数据所占的宽度
.	表示指定的输入项在读入后不赋给相应的变量

【例 2-7】使用 scanf 格式输入函数得到用户数据。

程序清单

```
#include <stdio.h>
int main()
{
    int iInt1,iInt2;              //定义两个整型变量
    //使用 printf 函数输出整型
    printf("please enter two numbers:");
    //通过 scanf 函数得到输入的数据
    scanf("%d%d",&iInt1,&iInt2);
    //使用 printf 函数输出第一个整型
    printf("the first is:%d\n",iInt1);
    //使用 printf 函数输出第二个整型
    printf("the second is:%d\n",iInt2);
    //程序结束
    return 0;
}
```

运行结果如图 2-10 所示。

图 2-10　使用 scanf 格式输入函数运行结果

代码解析：

在程序代码中定义了两个整型变量 iInt1、iInt2，调用 scanf 函数格式输入函数。在函数参数中可以看到，在格式控制的位置使用双引号将格式字符括引起来，"%d"表示输入的为十进制的整数。在参数的地址列表位置，使用"&"符号表示变量的地址。

> **说明**
> scanf 函数使用空白字符分隔输入的数据，这些空白字符包括空格、换行、制表符。

3. 字符数据输出和输入

在编写程序时，通常会使用 printf 函数进行输出，使用 scanf 函数获取键盘的输入。在 C 语言标准 I/O 函数库中，最简单的字符数据输入、输出函数是 getchar 函数和 putchar 函数。

1) 字符数据输出

字符数据输出使用的是 putchar 函数，作用是向显示设备输出一个字符。该函数的定义为：

```
int putchar(int ch);
```

> **说明**
> 使用 putchar 函数时，要添加头文件 stdio.h，参数 ch 是要进行输出的字符，可以是字符型变量或整型变量。

例如，输出一个字符"A"的代码：

```
putchar("A");
Putchar("\101");
```

2) 字符数据输入

字符数据输入使用的是 getchar 函数，此函数的作用是从终端（输入设备）输入一个字符。getchar 函数与 putchar 函数的区别在于没有参数。该函数的定义为：

```
int getchar();
```

> **说明**
> 使用 getchar 函数时，要添加头文件 stdio.h，函数的值就是从输入设备得到的字符。

例如，从输入设备得到一个字符赋给字符变量 cChar：

```
cChar = getchar();
```

> **注意**
>
> getchar()只能接收一个字符，getchar函数得到的字符可以赋给一个字符变量或整型变量，也可以不赋给任何变量，还可以作为表达式的一部分。例如，putchar(getchar());，getchar函数作为putchar的参数，getchar从输入设备得到字符，然后putchar函数将字符输出。

【例2-8】使用putchar和getchar函数实现字符数据的输出和输入。

程序清单

```c
#include <stdio.h>
int main()
{
    char cChar1;            //定义字符型变量
        cChar1=getchar();   //在输入设备得到字符
    putchar(cChar1);        //输出字符
        putchar('\n');      //输出转义字符换行
    getchar();              //得到回车字符
    putchar(getchar());     //得到输入字符,并直接输出
        putchar('\n');      //输出转义字符换行
        return 0;                       //程序结束
}
```

运行结果如图2-11所示。

图2-11 使用scanf格式输入函数运行结果

代码解析：

定义变量cChar1，通过getchar得到输入的字符，赋给cChar1字符型变量，然后使用putchar函数将变量输出。使用getchar函数得到输入过程中的回车符，在putchar函数的参数位置调用getchar函数得到字符，将得到的字符输出。

4. 字符串数据输出和输入

C语言提供了两个函数用于对字符串进行操作，分别为gets函数和puts函数。

1）字符串输出函数

字符串输出使用的是puts函数，作用是输出一个字符串到屏幕上。该函数的定义为：

```c
int puts(char *str);
```

> **说明**
>
> 使用puts函数时，要添加头文件stdio.h。形式参数str是字符指针类型，可以用来接收要输出的字符串。

如：使用 puts 函数输出一个字符串：

puts("welcome to world");

> **注意**
> puts 函数与 printf 函数有所不同，在前面的实例中使用 printf 函数进行换行时，要在其中添加转义字符'\n'，puts 函数会在字符串中判断"\0"结束符。遇到结束符时，后面的字符不再输出并且自动换行。

2）字符串输入函数

字符串输入使用的是 gets 函数，作用是将读取到的字符串保存在形式参数 str 变量中，读取过程直到出现新一行为止。其中新的一行的换行字符将会转化为字符串中的空终止符"\0"。该函数的定义为：

int gets(char *str);

> **说明**
> 使用 gets 函数时，要添加头文件 stdio.h。形式参数 str 是字符指针类型。

例如，使用 ges 函数输入一个字符串：

get(cString);

【例 2-9】使用 puts 和 gets 函数实现字符串的输出和输入。

程序清单

```
#include <stdio.h>
int main()
{
    char cString[30];           //定义一个字符数组变量
    gets(cString);              //获取字符串
    puts(cString);              //输出字符串
    return 0;                   //程序结束
}
```

运行结果如图 2-12 所示。

```
welcome to c world
welcome to c world
Press any key to continue
```

图 2-12 使用 puts 和 gets 函数运行结果

代码解析：

在程序代码中，定义 cString 为字符数组变量的标识符，调用 gets 函数得到输入的字符串，用户字符输入完毕，按 Enter 键确定时，用于输入字符串，并且可以接收空格、制表符 Tab 和回车等。使用 puts 函数将获取后的字符串输出。

2.2.4 赋值运算

变量的值在程序中可以随时改变。在声明变量时，可以为其赋一个初值，就是将一个常数或者一个表达式的结果赋给一个变量，变量中保存的内容就是常量或者赋值语句中表达式的值，这就是变量的赋初值。

1. 变量赋值为常数

变量赋初值为常数的一般形式：

```
类型 变量名 = 常数；
```

如：

```
int i = 10;
int j = i;
double f = 3.14;
char a = 'b';
```

> **说明**
> "="为赋值操作符，其作用是将赋值操作符右边的值赋给操作符左边的变量。赋值操作符左边是变量，右边是初始值。其中，初始值可以是一个常量。

赋值语句不仅可以给一个变量赋值，还可以给多个变量赋值，形式如下：

```
类型 变量名1 = 初始值1,变量名2 = 初始值2,...；
```

如：

```
int i = 10,j = 20,k = 30;
```

> **注意**
> 使用变量前务必要对其初始化，只有变量的数据类型名相同时，才可以在一个语句中进行初始化。

> **思考**
> 下面的语句相同吗？
> int i = 10, j = 10, k = 10;
> int i, j, k; i = j = k = 10;
> int i, j, k = 10;

2. 变量赋值为表达式

赋值语句把一个表达式的结果值赋给一个变量，一般形式如下：

```
类型 变量名 = 表达式；
```

如：

```
int iAmount = 1 + 2;
float j = 2 + 3 * y;
```

【例 2-10】 为变量赋初值。

程序清单

```c
#include <stdio.h>
int main()
{
    int iHoursWorded = 8;      //定义变量,为变量赋初值,表示工作时间
    int iHourlyRate;           //定义变量,表示一个小时的薪水
    int iGrossPay;             //定义变量,表示得到的工资
    iHourlyRate = 15;          //为变量赋值
    iGrossPay = iHoursWorded * iHourlyRate;  //将表达式的结果赋值给变量
    printf("The iGrossPay is %d\n", iGrossPay);  //显示所得的工资
    return 0;                  //程序结束
}
```

运行结果如图 2-13 所示。

```
The iGrossPay is 120
Press any key to continue
```

图 2-13 变量赋初值运行结果

代码解析:

在程序代码中,定义变量 iHoursWorded 为工作时间,并给其赋值 8,iHourlyRate 表示一个小时的工资,变量声明后,为其设定一个小时工资为 15,根据"iGrossPay = iHoursWorded * iHourlyRate",将表达式的结果保存在 iGrossPay 变量中。

2.3 不同类型数据之间的转换

2.3.1 自动类型转换

C 语言中设定了不同的数据参与运算时的转换规则,编译器会进行数据类型的转换,进而计算最终的结果,这就是自动转换。

数据类型转换如图 2-14 所示。

如:

```c
int i;
i = 2 + 'A';
```

此例先计算"="右边的表达式,字符型和整型混合运算,按照数据类型转换先后顺序,把字符型转换为 int 型 65,求和得 67,最后把 67 赋给变量 i。

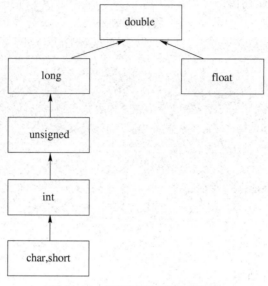

图 2-14　编译器默认的转换顺序

> **注意**
>
> 把浮点数转换为整数,则直接舍弃小数位。例如:
> int i;
> i = 1.2;
> 运算的结果为 i = 1。

说明

C 语言中使用一些特定的转换规则,数值类型变量可以混合使用,如果把比较短的数值类型变量赋给比较长的数值类型变量,那么比较短的数值类型变量中的值会升级表示为比较长的数值类型,数据信息不会丢失。反之,数据就会降低级别表示,并且当数据大小超过比较短的数值类型的可表示范围时,就会发生数据截断。

【例 2-11】整型和浮点型数据类型间的自动转换。

程序清单

```
#include <stdio.h>
int main(void)
{
    int i;                              //定义变量
i = 1 + 2.0 * 3 + 1.2345 + 'c' - 'A';   //混合运算
printf("% d\n",i);                      //输出 i
return 0;
}
```

运行结果如图 2-15 所示。

```
42
Press any key to continue
```

图 2-15　整型和浮点型数据类型间的自动转换运行结果

代码解析：

在程序代码中，"＝"表示把双精度 double 类型转换为 int 类型，可能会丢失数据。编译器会给警告。

2.3.2　强制类型转换

通过自动类型转换的介绍得知，如果数据类型不同，可以根据不同情况自动进行类型转换，但是此时编译器会提示警告信息。这时如果使用强制类型转换告知编译器，就不会出现警告。强制类型转换的一般形式如下：

(类型名)变量或常量

或者：

(类型名)(表达式)

如：

float i = 10.1f;
int j = (int)i;

【例 2-12】数据类型间的强制转换。

程序清单

```
#include <stdio.h>
int main()
{
    double d;        //定义变量
    //强制类型转换,1.2 取整
    d = (int)1.2 + 3.9;
    printf("强制转换数据类型:% f\n",d);      //输出 d
    //强制类型转换,并取整
    d = (int)(1.2 + 3.9);
    printf("强制转换数据类型:% f\n",d);      //输出 d
    return 0;
}
```

运行结果如图 2-16 所示。

代码解析：

在程序代码中，定义了一个双精度浮点型变量，然后通过强制转换将其赋给不同类型的变量。因为是由高级别向低级别转换，所以可能会出现数据丢失的现象。

图 2-16 数据类型间的强制转换运行结果

2.4 程序设计与案例实现

本章学习数据类型和输入/输出函数等知识,编写程序来解决数学上的问题,如计算鸡兔同笼问题、学生成绩等级评定等。

2.4.1 案例1:鸡兔同笼问题

【问题描述】鸡有 2 只脚,兔有 4 只脚,如果已经知道鸡和兔的总头数为 h,总脚数为 f,问笼中各有多少只鸡和兔?

【编程思路】通过对问题进行分析,设笼中的鸡有 m 只,兔有 n 只,因此首先定义 4 个 int 类型的变量。在屏幕上给出提示语句,使用 printf 函数输出"请输入鸡和兔的总头数:"及"请输入鸡和兔的总脚数:",接下来使用 scanf 函数从键盘获取数据赋值给变量 h 和 f,理清算法思路(这里的算法思路就是解题思路),计算出鸡和兔各有多少只,最后输出结果。该程序中,运算的结果是由用户输入的总头数与总脚数所决定的。

程序清单

```c
#include <stdio.h>
void main()
{
    int h,f,m,n;                            //定义四个变量
    printf("请输入鸡和兔的总头数:\n");
    scanf("%d",&h);                         //由用户输入总头数
    printf("请输入鸡和兔的总脚数:\n");
    scanf("%d",&f);                         //由用户输入总脚数
    m=(4*h-f)/2;                            //由公式求解
    n=(f-2*h)/2;                            //由公式求解
    printf("笼中鸡有%d只,兔有%d只\n",m,n);  //输出结果
}
```

运行结果如图 2-17 所示。

图 2-17 鸡兔同笼问题运行结果

代码解析：

在编写程序时，不能按数学公式输入，如由问题分析得出 m = (4h − f)/2，在 C 程序中，相乘操作中间有乘号"*"，不能写成数学上的4h。对于算术运算符及表达式，将在第3章内容详细介绍。

2.4.2 案例2：学生成绩等级评定

【问题描述】教师在教学工作中，经常会遇到学生成绩的评定问题，那么如何根据输入的学生成绩，而自动显示等级呢？

【编程思路】首先根据问题的描述进行分析，定义三个变量分别为 num、name、score，使用 printf 函数输出提示语，再用 scanf 函数输入学生信息，接下来使用条件运算符求出成绩对应的等级，最后用转义字符"\t"来控制输出格式。

程序清单

```c
#include<stdio.h>
int main()
{
    int num;              //定义学号变量
    char name;            //定义姓名变量
    float score;          //定义成绩变量
    char grade;           //定义等级变量
    printf("请输入学生的基本信息:");
    scanf("%d%c%f",&num,&name,&score);   //输入学生信息
    //条件运算符判断出等级
    grade = score >=60? 'P':'F';
    printf("学号\t姓名\t成绩\t等级\n");
    //按照格式输出学号,姓名,成绩,等级
    printf("%d\t%c\t%.2f\t%c\n",num,name,score,grade);
    return 0;
}
```

运行结果如图2−18所示。

```
请输入学生的基本信息: 2 K 68
学号      姓名      成绩      等级
2         K         68.00     P
Press any key to continue
```

图2−18 学生成绩评定运行结果

代码解析：

程序中的"grade = score >=60? 'P':'F';"，使用的是条件运算符，当 score 输入值大于等于60时，给的等级是P；反之，给的等级是F。

代码"printf("%d\t%c\t%.2f\t%c\n",num,name,score,grade);"中的"\t"用来控制输

出格式，"%.2f"表示的是输出的成绩保留两位小数。

> **说明**
>
> 条件运算符为？和：是三目运算符，即有三个参与运算的量。由条件运算符组成条件表达式的一般形式为：
>
> 表达式1？表达式2：表达式3
>
> 其求值规则为：如果表达式1的值为真，则以表达式2的值作为条件表达式的值，否则，以表达式2的值作为整个条件表达式的值。条件表达式通常用于赋值语句之中。

2.5 本章小结

本章主要讲解了 C 语言中的数据类型及类型转换。其中包括关键字、基本数据类型、类型转换等。通过本章的学习，读者可以掌握 C 语言中数据类型及其运算的一些相关知识。

【知识层面】

（1）C 语言编写的规范：在编写程序时，要灵活运用注释符号，使程序便于阅读。定义变量名时，要区分关键字和标识。

（2）数据类型：数据类型明显或隐含地规定了数据的取值范围、存储空间的大小及允许进行的运算。计算机对于不同的数据类型，处理方式也不同。

（3）常用的数据输入、输出函数：C 语言中的语句用来向计算机系统发出操作指令，当要求程序按照要求执行时，先要使用向程序输入数据 scanf 函数的方式给程序发送指令，当程序解决了一个问题之后，还要使用输出 printf 函数的方式将计算结果输出。

（4）数据类型转换：在计算过程中，遇到不同的数据类型参与运算时，编译器会采取数据类型转换，转换成功的，继续运算；转换失败的，程序报错并终止运行。

2.6 习 题

一、选择题

1. 下列关于 long、int 和 short 类型占用内存大小的叙述中，正确的是(　　)。
   A. 均占 4 个字节
   B. 根据数据的大小来决定所占内存的字节数
   C. 由用户自己定义
   D. 由 C 语言编译系统决定
2. 以下是合法的用户自定义标识符的是(　　)。
   A. b_ b   B. float
   C. 3ab   D. _ isw
3. 把 x、y 定义成 float 类型变量，并赋同一初值 3.14，正确的是(　　)。
   A. float x，y = 3.14；   B. float x，y = 2 * 3.14；
   C. float x = 3.14，y = x = 3.14；   D. float x = y = 3.14；

二、程序题

1. 以下程序运行后的输出结果为_____。

```c
#include <stdio.h>
int main()
{
    int a = -1;
    float f =123.456;
    printf("%x,%o,%d\n",a,a,a);
    printf("%f,%10.2f,%-10.2f,%e,%g\n",f,f,f,f,f);
    printf("%3s,%7.2s,%.4s,%-5.3s\n","CHINA","CHINA","CHINA","CHINA");
    return 0;
}
```

2. 以下程序运行后的输出结果为_____。

```c
#include <stdio.h>
int main()
{
    float num1;
    int num2,num3;
    char ch ='z';
    num1 =14.9 +11.6;
    num2 =14.9 +11.6;
    num3 =(int) 14.9 +(int) 11.6;
    printf("%f,%d,%d\n",num1,num2,num3);
    printf("%d\n",(int)ch);
    return 0;
}
```

三、编程训练

1. 输入一个华氏温度，要求输出摄氏温度。公式为
$$c =5(F-32)/9$$
输出要求：有文字说明，取2位小数。

2. 用 getchar 函数读入两个字符给 c1、c2，然后分别用函数和函数输出这两个字符。并思考以下问题：(1) 变量 c1、c2 应定义为字符型还是整型？还是二者皆可？(2) 要求输出 c1 和 c2 值的 ASCII 码，应如何处理？用 putchar 函数还是 printf 函数？(3) 整型变量与字符变量是否在任何情况下都可以互相代替？

3. 扩展项目训练。

项目名称：模拟工资计算器

【问题提出】计算一个销售人员的月工资的数量（月工资 = 基本工资 + 提成，提成 = 商品数 ×1.5）。

第 3 章

简单判定性问题

 学 习 目 标

- 能辨别判定性问题
- 掌握关系、逻辑等表达式
- 掌握关系、逻辑、按位运算
- 掌握 if-else 条件语句
- 掌握 switch 条件分支结构语句

本章重点

- 关系运算符和关系表达式
- 逻辑运算和按位运算
- 条件表达式
- if 语句的用法
- switch 的用法

本章难点

- if 语句的嵌套
- switch 语句的用法

当人们使用 ATM 取款机取钱时，输入密码后，进入 ATM 银行系统的服务界面，如图 3-1 所示。在 ATM 服务界面中，如果选择取款，则可以进入取款环节，选择存款，则进入存款环节，如果选择查询，则进入查询环节，如果选择转账，则进入转账环节，如果选择余额查询，那么进入查询余额环节。上述"如果"和"则"或者"如果"和"那么"所组成的句子，在 C 语言中指的就是判定性问题的基本语句。

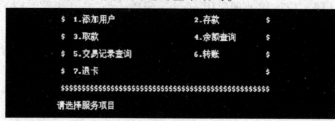

图 3-1　ATM 服务界面

3.1 判定性问题及条件描述

所谓判定性问题（decision problem），就是在决定问题或提出问题时，只有"是"或"否"两个答案。如"10 能被 5 整除吗？""你今天去上 C 语言程序设计课吗？"，这类问题就是决定性问题，可以回答"是"或"否"。在现实生活中，可以找到很多判定性问题。例如，"红灯停、绿灯行"，判定两个数大小问题等，都是博弈性问题。

在 C 语言中，对判定性问题是如何描述的呢？如何来解决呢？在 C 语言中，从判定条件的描述和语法结构两个方面来解决生活中的判定问题。

3.1.1 关系型判定条件

1. 关系运算符

在现实生活中，经常比较两个量的大小关系，比较两个量的运算符称为关系运算符。C 语言中提供了 6 种关系运算符，见表 3-1。

表 3-1 关系运算符

序号	关系运算符	关系运算符含义	有限级别
1	>	大于	6
2	>=	大于或等于	
3	<	小于	
4	<=	小于或等于	
5	==	等于	7
6	!=	不等于	

例：关系运算符

10 > 5	值为"真"，即为"1"
9 >= 7	值为"真"，即为"1"
7 <= 8	值为"假"，即为"0"
8 == 9	值为"假"，即为"0"
5 != 5	值为"真"，即为"1"

> **说明**
> （1）关系运算都是双目运算，运算结果只有一个逻辑值，即"真"或"假"。C 语言中没有专门的逻辑值，采用"1"代表"真"，用"0"代表"假"。
> （2）关系运算的优先级要低于算术运算符，高于赋值运算符。
> （3）在 6 个关系运算中，其中"<""> ""<="">="的优先级相同，要高于"==""!="。

2. 关系表达式

含有关系运算符的表达式称为关系表达式,一般形式为:

表达式 关系运算符 表达式

如:
(1) a+b>c+d 等效于(a+b)>(c+d);
(2) 'c'+1>d 等效于('c'+1)<d;
(3) 10*5+4-a==k+5 等效于(10*5+4-a)==(k+5);
(4) x=b!=c==b 等效于(x=b!=c)==(b)。

【例3-1】关系运算简单程序。

程序清单

```
/*一个简单的C语言程序*/
#include <stdio.h>
int main()
{
    char c ='a';
    int i =1,j =5,k =3;
    float a =7.8,b =9.3;
    //输出关系运算结果
    printf("%d,%d\n",j>i,5*i==j);
    //输出关系运算结果
    printf("%d,%d\n",'a'+k>k,k==a==i+k);
}
```

运行结果如图3-2所示。

图3-2 实例3-1运行结果

代码解析:

在例3-1中,字符变量是以它对应的ASCII码参与运算的。对于含有多个运算符的表达式,如 k==a==i!=k,根据运算符的左结合性,先计算 k==j,该式不成立,其值为0,再计算 0==i+k,不成立,所以表达式的值为0。

强调

关系运算结果的数据类型一定是整型,并且只有两个值:1和0,分别表示真和假。

3.1.2 逻辑型判定条件

在C语言中仅仅使用关系运算符往往不能完全表达一些条件信息,有时,要求一些关系同时成立，有时可能要求其中的某一个关系成立就可以，这时就需要使用逻辑运算符。

1. 逻辑运算符的类型

C语言提供了3种逻辑运算符：逻辑非（!）、逻辑与（&&）、逻辑或（||）。其中逻辑非是单目运算符，其余为双目运算符，见表3-2。

表3-2 逻辑运算符

序 号	逻辑运算符	关系运算符含义	优先级
1	&&	逻辑与，左右运算值都为真，其结果为真，否则为假	11
2	||	逻辑或，左右运算值都为假，其结果为假，否则为真	12
3	!	逻辑非，相当于求反	2

> 说明
>
> （1）逻辑运算中的 && 和 || 是双目运算，结合性是从左到右。! 是单目运算，结合性是从右向左。
>
> （2）关系运算的优先级高于逻辑运算 && 和 || 的优先级。
>
> 如，a>b && c>d 等效于 (a>b) && (c>d)。
>
> （3）逻辑非运算 ! 的优先级要高于关系运算。

2. 逻辑表达式

含有逻辑运算符的表达式叫做逻辑表达式，它的一般形式为：

表达式 逻辑运算符 表达式

> 强调
>
> 逻辑运算结果的值为1和0，分别用"真"和"假"表示。

3. 逻辑运算取值（表3-3）

表3-3 逻辑运算取值

A 取值	B 取值	A&&B	A||B	!A
非0	非0	1	1	0
非0	0	0	1	0
0	非0	0	1	1
0	0	0	0	1

逻辑运算和关系运算在程序中主要用于条件控制，从而实现分支结构和循环结构的程序设计，将在本章的下节中讲解。

【例3-2】逻辑运算的简单程序。

程序清单

```c
/* 一个简单的逻辑运算程序 */
#include <stdio.h>
int main()
{
    char c = 'k';
    int i = 1, j = 0, k = 3;
    double x = 5, y = 0.85;
    //逻辑非! 运算
    printf("%d,%d\n", !x*!y, !!!x);
    //逻辑或、逻辑与运算
    printf("%d,%d\n", x||i&&j-3, i<j&&x<y);
    //逻辑或、逻辑与运算
    printf("%d,%d\n", i==5&&c&&(j=8), x+y||i+j+k);
    return 0;
}
```

运行结果如图3-3所示。

```
0,0
1,0
0,1
Press any key to continue_
```

图3-3 实例3-2运行结果

代码解析：

在例3-2中，代码!x*!y,!!!x中,!x的值为0,!y值为1,!x*!y的结果为0,!!!x三次求反，其结果为0。代码x||i&&j-3中x的值非0，逻辑值为1，i的值为1，j-3值为-3，i&&j-3的运算结果为0，1||0逻辑运算结果为1。代码i<j&&x<y中，i<j的运算结果为0，x<y的运算结果为1，所以i<j&&x<y逻辑运算结果为0。代码i==5&&c&&(j=8)中，i==5的值为0，c的值"k"的逻辑值为非0，j=8，所以i==5&&c&&(j=8)逻辑运算结果为0。

> **注意**
>
> 虽然C编译在给出逻辑运算值时，以"1"代表"真"，"0"代表"假"，但在判断一个量是"真"还是"假"时，以"0"代表"假"，以非"0"的数值作为"真"。

> **思考**
> 当 i=10、j=3、k=0 时，表达式 i==1&&(j==3||k=k+1) 的运算次序是怎样的？其运算结果是多少？

3.1.3 按位进行逻辑运算

C 语言中的逻辑运算是指表达式返回值的运算，这里的值只有真与假；按位运算是指数值转换为二进制后的位运算，每位是 0 或 1。按位运算是对字节或字中的实际位进行检测、设置或位移，只适用于字符型和整数型变量，对其他数据类型是不适用的。按位运算符有 6 种：按位与（&）、按位或（|）、按位异或（^）、按位取反（~）、左移（<<）、右移（>>），见表 3-4。

表 3-4 位运算符类型

序号	操作符	按位运算符意义	优先级
1	&	按位与	8
2	|	按位或	12
3	^	按位异或	9
4	~	按位取反	2
5	<<	左移	5
6	>>	右移	5

1. 按位与（&）

按位与运算的作用是将两个操作数的对应位按从右向左进行对位，位数不够，则在左侧进行补 0，分别进行逻辑与的操作。对应位都为 1 时，则为 1，否则为 0。

如：计算 3+9。

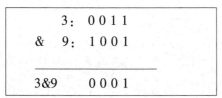

> **强调**
> 按位与运算用于将操作数中的若干位置 0，其他位不变，或者指定操作数中的若干位。

【例 3-3】按位与运算清零。若想对一个存储单元清零，即使其全部二进制位为 0，只要找一个二进制数，其中各个位符合以下条件：原来数中为 1 的位，新数中相应位为 0。然后使二者进行 & 运算，即可达到清零目的。例如，原数为 43，即 00101011，另找一个数，设它为 148，即 10010100。

程序清单

```c
//清零
#include <stdio.h>
main()
{
    int a = 43;
    int b = 148;
    printf("% d\n",a&b);
}
```

运行结果如图 3-4 所示。

```
0
Press any key to continue
```

图 3-4　实例清零运行结果

2. 按位或（|）

按位或运算是将两个操作数的对应位分别进行逻辑或操作，对应位均为 0，结果为 0，否则，结果为 1。

如：计算 3 | 9。

```
     3:   0 0 1 1
|    9:   1 0 0 1
    ─────────────
    3|9   1 0 1 1
```

【例 3-4】按位或运算常用来将一个数据的某些位定值为 1。例如，60 | 17，将八进制 60 与八进制 17 进行按位或运算。

程序清单

```c
//按位或实例
#include <stdio.h>
main()
{
    //60 的八进制 00110000
    int a = 060;
    //17 的八进制 00001111
    int b = 017;
    printf("% d\n",a|b);
}
```

运行结果如图 3-5 所示。

```
63
Press any key to continue
```

图 3-5　按位或运行结果

> **◆ 强调**
> 按位或运算可将某位置 1，而其他各位不变。例如，将 int 变量 x 的低字节置 1：
> X = x | 0xff

3. 按位异或（^）

按位异或的主要作用是将对应值相同的置为 0，不同的置为 1，该操作可使操作数中的若干位翻转（即原来为 1 的位变为 0，为 0 的位变为 1），其余位不变。

如，要是 0111010 中的低 4 位翻转，可以与 0001111 进行异或。

```
    0 1 1 1 1 0 1 0
  ^ 0 0 0 0 1 1 1 1
  ─────────────────
    0 1 1 1 0 1 0 1
```

4. 按位取反（~）

按位取反运算将各位进行翻转，即原来为 1 的位变为 0，原来为 0 的位变成 1。

如，将 025 取反。

```
 025: 0 0 0 0 0 0 0 0 0 0 0 1 0 1 0 1
~025: 1 1 1 1 1 1 1 1 1 1 1 0 1 0 1 0
```

5. 按位左移（≪）

按位左移是按照指定的位数将一个二进制值向左位移。左移后，低位补 0，高位舍弃。

如：5≪2。

```
   5: 0 0 0 0 0 1 0 1
      0 0 0 0 0 1 0 1  0 0
      舍弃             补 0
5≪2: 0 0 0 1 0 1 0 0
```

6. 按位右移（≫）

按位右移是按照指定的位数将一个二进制值向右位移。右移后，移出的低位舍弃。对于无符号数，右移时左边高位移入 0；对于有符号的值，如果原来符号位为 0（该数为正），则左边也移入 0。补 0 的称为"逻辑右移"，补 1 的称为"算术右移"。

如，表达式 20≫2，其结果为 5。

```
20: 00010100
     0000010100
     补0        舍弃
20≫2: 00000101
```

【例 3-5】按位右移实例。设 a=5，a≫1。

程序清单

```
//按位右移实例
#include <stdio.h>
main()
{
    int a = 05;
    printf("%d\n",a>>1);
}
```

运行结果如图 3-6 所示。

```
2
Press any key to continue
```

图 3-6 按位右移实例运行结果

3.2 if 条件语句

if 语句是 C 语言提供的一种判定语法性结构，选择结构，通过某一个或若干个条件的约束，有选择性地执行特定语句。其语句多种多样，支持嵌套，灵活多样。

3.2.1 if 语句结构

if 语句有三种基本格式，用 if 语句可以构成分支结构，它是根据给定的条件进行判断，以决定执行某个分支程序段。在学习 if 语句的三种基本格式时，可以扩展一些其他格式，注意活学活用。

1. 基本格式

```
if(条件表达式) 语句块;
```

语义：如果表达式的值为真，则执行其后的语句，否则不执行该语句。语句块可以是单条语句，也可以是用花括号 { } 包括起来的复合语句。其流程图如图 3-7 所示。

> **强调**
> if 语句块中，如果只有一条语句，则可以省略{ }，如果有多条语句，则不能省略{ }。

【例 3-6】编程实现输入任意两个整数，输出最大值。

【编程思路】通过 scanf 语句，从键盘输入两个整数 num1，num2，定义一个变量 max 为最大值，先将 num1 的值赋给 max，接着用 if 判定语句，比较 max 与 num2 的值，如果 max < num2，则 num2 赋值给 max，最后用 printf 输出 max，如图 3-8 所示。

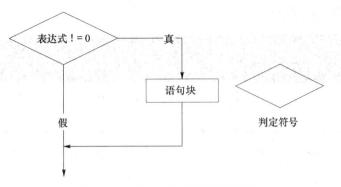

图 3-7　if 语句流程图及符号说明

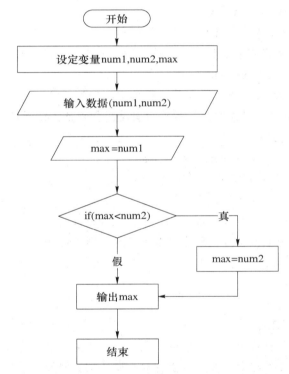

图 3-8　例 3-6 程序流程图

程序清单

```
#include <stdio.h>
int main(){
    int num1,num2,max;
    printf("\n input two numbers: ");
    scanf("%d%d",&num1,&num2);
    max = num1;
    if (max < num2) max = num2;
    printf("max = %d\n",max);
    return 0;
}
```

运行结果如图 3-9 所示。

```
input two numbers:    67 89
max=89
Press any key to continue_
```

图 3-9 实例 3-6 运行结果

> **注意**
>
> scanf 语句：scanf( ) 函数返回成功赋值的数据项数，读到文件末尾出错时，则返回 EOF。
>
> （1）输入多个值时，可以写在一个 scanf 中，例如：
>
> scanf("%d%d%d",&a,&b,&c);
>
> 输入的不同值之间用空格、Tab 或回车键进行分隔。
>
> （2）如果格式控制串中有非格式字符输入时，也要输入该非格式字符。例如，
>
> scanf("%d,%d,%d",&a,&b,&c)
>
> 其中，用非格式符"，"作为间隔符，输入"9，22，34"。
>
> （3）scanf 函数中的"格式控制"后面应当是变量地址，而不应是变量名。例如：
>
> int a;sanf("%d",a);
>
> 该语句是非法的，应改为 sanf("%d",&a);
>
> （4）关于 * 和 & 符号的使用，需要说明以下几点：
>
> ①在声明变量时，* 的作用是表明此变量为指针类型。
>
> ②在做双目运算（有两个操作数）时，& 是按位逻辑与。
>
> ③在使用时，* 为取值符号，& 为取地址符号。例如：
>
> int a=1,b=2,*p1,*p2;
>
> p1=&a,p2=&b;
>
> 上述代码是正确的。
>
> *p1=&a,*p2=&b;
>
> 语法是允许的，但逻辑上不一定合理。在上述表达中，取 a 的地址可使用 &*p1。
>
> ④& 和 * 的有限级别相同，按自右而左的方向结合。例如：
>
> p1=&a,p2=&b;
>
> p2=&*p1;
>
> 最后一条语句相当于 p2=p1 或 p2=&a。

> **思考**
>
> （1）如果有这样一条语句 scanf:("a=%d,b=%d",&a,&b)，则用户应该怎样输入呢？
>
> （2）如果用 *&a 表达式，它代表什么含义？

2. if…else 形式

一般格式：

```
if(表达式)    语句块1； else    语句块2；
```

语义是：如果表达式的值为真，则执行语句1，否则执行语句2。语句1和语句2可以是复合语句。其流程图如图3-10所示。

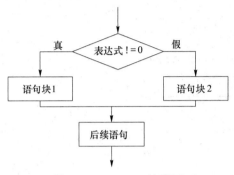

图 3-10   if…else 流程图

【例 3-7】 输入三角形3个边的值，判断3个数是否构成三角形的3个边，如果3个数都大于0且符合任意两边的和大于第3边，计算三角形的面积并输出结果，否则输出出错信息。

【编程思路】设三角形3个边、周长和面积为a、b、c、s、area，首先运用逻辑运算计算3个边大于0且任意两边的和大于第3边 "a>0&&b>0&&c>0&&a+b>c&&a+c>b&&b+c>a"。使用 if-else 判定语句，如果逻辑运算结果为真，则计算三角形的周长 s=(a+b+c)/2 和面积 area = sqrt（s×(s-a)×(s-b)×(s-c)），否则输出错误。

程序的流程图如图3-11所示。

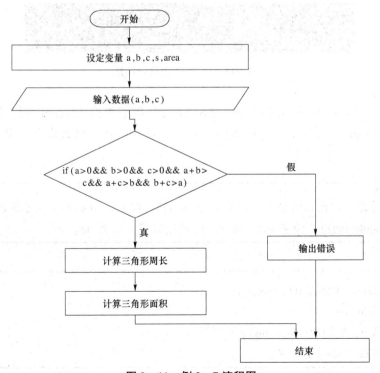

图 3-11   例 3-7 流程图

程序清单

```c
#include <stdio.h>
//包含数据公式头文件
#include <math.h>
void main(){
    double a,b,c,s,area;
    printf("输入三角形的三个边长：");
    //double 数据类型输入输出时,使用 lf
    scanf("%lf%lf%lf",&a,&b,&c);
    printf("a=%lf,b=%lf,c=%lf\n",a,b,c);
    if(a>0&&b>0&&c>0&&a+b>c&&a+c>b&&b+c>a)
    {
        s=(a+b+c)/2;
        //sqrt 是求平方的公式
        area=sqrt(s*(s-a)*(s-b)*(s-c));
        printf("三角形的三个周长：%lf\n",s);
        printf("三角形的三个面积:%lf\n",area);
    }
    else
        printf("输入的数据不能构成三角形！");
}
```

运行结果如图 3-12 所示。

图 3-12 例 3-7 的运行结果

代码解析：

代码中，"scanf("%lf%lf%lf",&a,&b,&c);"数据类型为 double 时，输入、输出采用%if；"area=sqrt(s*(s-a)*(s-b)*(s-c));"中 sqrt()函数表示一个非负实数的平方根公式。

> **说明**
>
> 平方根计算 sqrt 函数的使用：原型为 float sqrt (float)，double sqrt (double)，double long sqrt (double long)，没有 sqrt (int)，但是返回值可以为 int。

> **思考**
>
> double dnum=12345.67,*pnum;
> pnum=&dnum;
> printf("\n%5.12lf",*pnum);
> 输出到屏幕的结果是多少？

3. if – else – if 形式

前两种形式的 if 语句一般都用于两个分支的情况。当有多个分支时，可采用 if – else – if 语句，它的一般形式为：

```
if(表达式1)     语句块1;
else if(表达式2)   语句块2;
else if(表达式3)   语句块3;
…
else
语句块 n;
```

语义：依次判断表达式的值，当出现某个非 0 时，则执行对应的语句块，然后跳到整个 if 语句之外继续执行程序。如果所有的表达式的值为 0，则执行语句块 n，然后继续执行后续语句。

【例 3 – 8】输入学生考试分数，按"优、良、中、及格、差"给出等级。90~100 分为 A，80~90 分为 B，70~80 分为 C，60~70 分为 D，<60 分为 E。

【编程思路】学生成绩可包括 1 位小数，学生成绩变量定义为 float 数据类型，成绩等级设置为 char 类型。采用 if – else – if 语句，假设学生成绩变量为 score，等级变量为 level，在输入学生成绩时，如果成绩不在 0~100 范围内，则输入成绩有误，如果成绩在 score > =90 && score < =100 之间，则 level 赋值为 'A'；如果成绩在 score > =80 && score <90 之间，则 level 赋值为 'B'；如果成绩在 score > =70 && score <80 之间，则 level 赋值为 'C'；如果成绩在 score > =60 && score <70 之间，则 level 赋值为 'D'；如果成绩在 score <60，则 level 赋值为 'E'。

程序流程图如图 3 – 13 所示。

程序清单

```c
#include <stdio.h>
#include <stdlib.h>
void main(){
    float score;
    char level;
    //提示输入考试成绩
    printf("请输入考试成绩: ");
    scanf("%f",&score);
    //判断成绩在有效范围内
    if(score<0.0 || score>100.0)
    {
        printf("成绩输入有误;");
        return;
    }
    //判断成绩在哪一个等级
    else if(score > =90.0 && score < =100.0)
        level ='A';
```

```
    else if(score>80.0 && score<=90.0)
        level='B';
    else if(score>70.0 && score<=80.0)
        level='C';
    else if(score>60.0 && score<=70.0)
        level='D';
    else
        level='E';
    printf("对应的等级为:%c\n:",level);
}
```

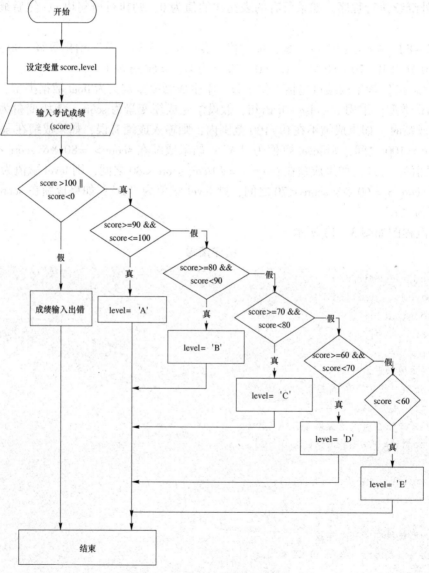

图3-13 例3-8的程序流程图

运行结果如图 3-14 所示。

```
请输入考试成绩: 97
对应的等级为: A
:Press any key to continue_
```

图 3-14 例 3-8 的运行结果

> **注意**
>
> 在使用 if 语句时，还应注意以下问题：在三种形式的 if 语句中，在 if 关键字之后均为表达式。该表达式通常是逻辑表达式或关系表达式，但也可以是其他表达式，如赋值表达式等，甚至也可以是一个变量。
>
> 例如，if(a=5)语句，if(b)语句，都是允许的。只要表达式的值为非 0，即为"真"。
>
> 例如，?if(a=5)…; 中，表达式的值永远为非 0，所以其后的语句总是要执行的，当然，这种情况在程序中不一定会出现，但在语法上是合法的。

3.2.2 if 语句的嵌套问题

当 if 语句中还含有 if 语句时，则构成了 if 语句的嵌套情形。一般形式表示如下：
（1）第一种形式：

```
if(表达式)
  if(表达式)
   语句;
```

（2）第二种形式：

```
  if(表达式)
  {
   if(表达式)
      语句;
  }
  else
  {
   if(表达式)
      语句;
  }
```

在 if 嵌套语句中可以包含 if…else 型，可有多个 if 和多个 else 语句。在这样重叠下，需要特别注意 if 和 else 的配对问题，else 总与它前面最近的 if 配对。

【例 3-9】计算公式的值

$$y = \begin{cases} -1 & (x<0) \\ 0 & (x=0) \\ 1 & (x>0) \end{cases}$$

程序清单

```c
#include <stdio.h>
#include <stdlib.h>
void main(){
    int x,y;
    printf("输入 x = ");
    scanf("% d",&x);
    if(x>0)
        y = -1;
    else if(x = =0)
        y = 0;
        else
        y = 1;
    printf("y = % d   (x = % x)\n",y,x);
}
```

运行结果如图 3 – 15 所示。

```
输入x=7
y=-1    (x=7)
Press any key to continue
```

图 3 – 15 实例 3 – 9 运行结果

3.2.3 条件运算符和条件表达式

条件运算符是 C 语言中唯一的三目运算符，涉及三个运算对象。条件表达式的一般形式为：

表达式1? 表达式2:表达式3

条件运算表达式的值为：如果表达式 1 的值为真，则以表达式 2 的值作为条件表达式的值；否则，以表达式 3 的值作为整个条件表达式的值。条件表达式通常用于赋值语句中。

如：

(a>b)? a+b:a-b

其中，如果 a = 2，b = 1，那么 a > b 成立，执行 a + b 这个表达式，运算结果为 3；但如果 a = 2，b = 3，那么 a > b 不成立，则执行 a – b 这个表达式，运算结果为 – 1。

> **注意**
> （1）条件运算符的运算优先级（优先级别：13）低于关系运算符和算术运算符，但高于赋值运算符。如 max = (a>b)? a: b 可以写成 max = a > b? a: b。
> （2）条件运算符 "?" 和 ":" 是一对运算符，不能分开单独使用。
> （3）条件运算符的结合方向是从右向左。

> y = x > 0? 1: (x < 0? -1: 0),如果 x = -2,y 的值为多少?

3.3 switch 条件语句

C 语言还提供了另一种用于多分支选择的 switch 语句,也称为开关语句,它能够很简捷地描述出多岔路口的情况。其一般形式为:

```
switch(表达式){
    case 常量表达式 1: 语句 1;
    case 常量表达式 2: 语句 2;
    …
    case 常量表达式 n: 语句 n;
    default: 语句 n+1;
}
```

功能:switch 语句是实现选择结构流程控制的主要语句。执行的基本过程是:首先计算表达式的值,匹配下面列举出来的有限个常量表达式的值,找到相等值的 case 分支,执行其后控制的语句块,直到遇到第一个 break 或 switch 语句块的结束右大括号,则跳出 switch 语句块。如果没有 break 语句,则不再进行判断,继续执行下面所有 case 后面的语句。如果表达式与所有的常量表达式均不相同,则执行 default 后的语句。

> **注意**
> 在使用 switch 语句的时候,需要注意以下几点:
> (1) case 语句中的常量类型为整型、字符型或枚举型。
> (2) 所有的 case 常量不允许重复,default 分支可以省略,case 后面可以是一组语句,不是一条语句。
> (3) break 语句作为每个 case 分支语句的最后一条,以表示该分支结束,并随后跳出 switch 语句,终止 switch 语句继续执行。
> 如果 case 分支中没有 break 语句,则程序执行完这个 case 分支后,将继续执行下一个 case 分支。

【例 3-10】从键盘输入一个整数,如果这个数为 1~7,则输出这个数所对应的一个英文星期。

【编程思路】假设从键盘输入一个整数为变量 a,采用 switch(表达式)语句。其中表达式为变量 a,case a 的值为 1,则输出 Monday,break;依此类推,直到 case 值为 7,则输出 Sunday,否则运行 default 语句,输出错误。

程序清单

```c
#include <stdio.h>
void main()
{
    int a;
    printf("请输入星期几(提示输入数字):");
    scanf("%d",&a);
    switch(a)
    {
        case 1:printf("星期一 Monday\n");break;
        case 2:printf("星期二 Tuesday\n");break;
        case 3:printf("星期三 Wednesday\n");break;
        case 4:printf("星期四 Thursday\n");break;
        case 5:printf("星期五 Friday\n");break;
        case 6:printf("星期五 Saturday\n");break;
        case 7:printf("星期六 Sunday\n");break;
        default:printf("输入有误");
    }
}
```

实例 3-10 的运行结果如图 3-16 所示。

```
请输入星期几(提示输入数字):5
星期五 Friday
Press any key to continue_
```

图 3-16　实例 3-10 的运行结果

3.4　案例实现

运用本章学习的 if 语句和 switch 语句知识，编写程序来解决实际生活中的小项目，如计算器的制作、ATM 取款机的实现等。

3.4.1　案例 1：简易计算器

【问题描述】任意输入两个数，求出它们的和、差、积、除的结果。

【编程思路】可以通过第 2 章学习的内容，把两个数定义为 double 数据类型。用户可以采用 printf() 函数打印出来，以便有一个直观的界面。用户选择功能菜单用整数表示（1 表示加法，2 表示减法，3 表示乘法，4 表示除法）。用户选择功能用一个整数变量来表示，设定该整数变量值的范围在 1~4，超过该范围，则提示输入出错。接下来根据用户选择的功能实现不同的运算，这明显是一个判断性问题，有多个选择，可以采用条件分支语句 switch（表达式）语句完成。如果表达式值为 1，则实现两个操作数相加；如果表达式值为 2，则实现两个操作数相减；如果表达式值为 3，则实现两个操作数相乘；如果表达式值为 4，则实现两个操作数相除。注意,除法运算中,"0"不能作为被除数,所以在除法运算中需要对第二个操作数进行判定,还需要注意用户输入处输入了其他字符应该如何处理。

程序设计的流程图如图 3-17 所示。

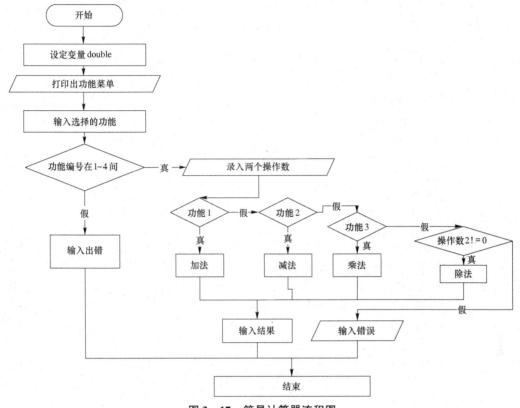

图 3-17 简易计算器流程图

程序清单 computer. c

```
#include <stdio.h>
void main(){
    //定义两个操作符,和功能选项
    double Lopter,Ropter,sum = 0;
    int server;
    //打印服务界面
    printf("\n---------------------------简易计算器----------------------------\n");
    printf("\n  1  加法运算                    2 减法运算 \n");
    printf("\n  3  乘法运算                    4 除法运算 \n");
    printf("\n----------------------------------------------------------------\n");
```

```c
    printf("请选择你要的服务(1、2、3、4):");
    scanf("% d",&server);
    if(server >4 || server <1)
        printf("输入有误！\n");
    else
    {
        printf("\n请输入两个操作数:");
        scanf("% lf% lf",&Lopter,&Ropter);
        switch(server)
        {
            case 1:
                sum = Lopter + Ropter;
            break;
            case 2:
                sum = Lopter - Ropter;
            break;
            case 3:
                sum = Lopter * Ropter;
            break;
            //如果功能为4,则需要判断被除数不能为0
            default:if(Ropter = =0)
                {
                    printf("被除数不能为零！\n");
                }
                else
                {
                    sum = Lopter /Ropter;
                }
        }
        printf("\n两个数的运算结果为:% 8.3lf\n",sum);
    }
}
```

运行结果如图3-18所示。

```
----------------简易计算器----------------
    1  加法运算                2  减法运算
    3  乘法运算                4  除法运算
-----------------------------------------
请选择你要的服务（1、2、3、4）:1
请输入两个操作数:30 50
```

图3-18　简易计算器的运行结果

代码解析：

（1）打印功能界面。

```
//打印服务界面
printf("\n---------简易计算器---------\n");
printf("\n  1 加法运算                    2 减法运算 \n");
printf("\n  3 乘法运算                    4 除法运算 \n");
printf("\n-----------------------------\n");
printf("请选择你要的服务(1、2、3、4):");
```

运行效果如图 3-19 所示。

图 3-19 简易计算器的服务功能界面

（2）输出结果保留 3 位小数。

代码 printf("\n 两个数的运算结果为:%8.3lf\n",sum)中%8.3表示输出结果保留 3 位小数。在输出程序中会四舍五入，但存储在变量里的结果并没有丢失精度。

（3）if-else 与 switch 语句的比较。

switch 语句与 if-else 进行对比，if-else 比 switch 语句的条件控制更强大一些。if-else-if 可以根据各种关系和逻辑运算的结果进行流程控制；而 switch 语句只能进行 "==" 的判断。

思考

将案例 1 的简易计算器改造成 if-else-if 的判定结构。

3.4.2 案例 2：ATM 取款机系统

【问题描述】生活中随处可见 ATM 取款机，当我们使用 ATM 取款机时，首先看到的是 ATM 的欢迎界面，接着就是登录界面。之后插入银行卡，输入密码，如果银行卡和密码匹配，则登录成功，进入了 ATM 的服务界面。在这里判断银行卡和密码是否匹配就是一个判定性问题，可以使用 if-else 语句来实现。插入银行卡可以通过输入账号来实现。

【编程思路】首先初始化银行卡号和密码（假设银行卡号为 6226 3400 7845 6782，密码为 201604），通过设置两个变量银行卡号和密码来实现。其次打印出银行欢迎界面，以中国建设银行为例，打印出 "中国建设银行诚挚为您服务"，然后提示输入银行卡号和密码，通过新建两个变量来接受输入的卡号和密码。接着对输入的卡号与密码与初始化的卡号和密码进行比较，这里采用 if-else 语句。如果卡号和密码匹配成功，则进入银行的服务界面，如果匹配不成功，则输入出错信息。银行服务界面通过打印 printf()函数实现，打印出取款、存款、转账、查询、修改密码、退卡等功能。银行服务界面中，用户选择功能用一个整数变量来表示，设定该整数变量值的范围为 1~6，1 代表存款、2 代表取款、3 代表查询、4 代表转账、5 代表修改密码、6 代表退卡。

项目程序设计流程图如图 3-20 所示。

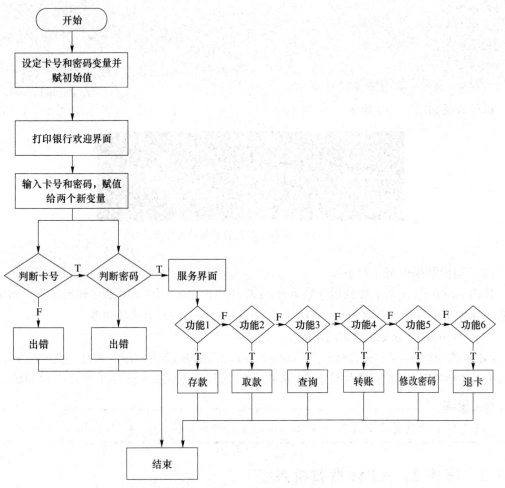

图 3-20　案例 2 程序流程图

程序清单

```
#include <stdio.h>
#include "string.h"
void main()
{
    //定义卡号和密码,并初始化值为卡号为6226340078456782,密码:201604
    char card[20],pass[6];
    char c1[20],p1[6];
    strcpy(card," 6226340078456782");
```

```
    strcpy(pass,"201604");
    //打印中国建设银行欢迎界面
    printf("\n\n---------------------中国建设银行-----
-----------------------\n\n");
    printf("\n\n \n\n           * * * * * * * * * * * *诚挚欢迎您!* * * * * * * *
* * * * \n\n\n\n");
    printf("\n\n---------------------------
------------------------\n\n");
    printf("   请输入您的账号或卡号:");
    scanf("%s",c1);
    printf("\n\n  请输入6位数的密码:");
    scanf("%s",p1);
    //判断卡号或密码是否一致
    if(strcmp(card,c1) = =0)
    {
        //正常情况下,密码错误,可以输入3次。如何实现?
        if(strcmp(pass,p1) = =0)
        {
            //打印出银行服务界面
            printf("\n\n---------------------中国建设银行-
-----------------------\n\n");
            printf("\n\n \n            * * * *1存款* * * *     * * * *2全款* *
* * \n");
            printf("\n\n \n            * * * *3查询* * * *     * * * *4转账* *
* * \n");
            printf("\n\n \n            * * * *5修改密码* * * * * * * *6退卡* *
* * \n");
        printf("\n\n---------------------------
------------------------\n\n");
            //输入选择的服务
            printf("   请输入您选择的服务:");
            //根据选择的服务,进入到不同的功能模块,这里代码省略以后章节讲
        }
        else
        printf("\n密码出错了");
    }
    else
    {
        printf("\n卡号出错了");
    }
}
```

案例2 ATM取款系统的运行结果如图3-21所示。

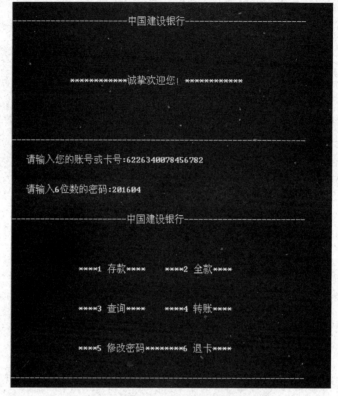

图3-21 案例2 ATM取款机运行效果图

代码解析：

（1）字符串的初始化。

代码"char card[20],pass[6];strcpy(card,"6226340078456782");"中strcpy()函数使用的是C语言标准库函数strcpy（char * dest, const char * src），把从src地址开始且含有NULL结束符的字符串复制到以dest开始的地址空间。

> 📢 说明
>
> strcpy()函数的使用说明：
>
> 原型声明：extern char * strcpy(char * dest, const char * src);
>
> 头文件：#include < string. h > 和 #include < stdio. h >，功能是把从src地址开始且含有NULL结束符的字符串复制到以dest开始的地址空间。
>
> 实例：strcpy(card,"6226340078456782"); strcpy(pass,"201604");

（2）字符串的比较。

在代码"if(strcmp(card,c1)==0) ,if(strcmp(pass,p1)==0)"中，采用了strcmp()函数，strcmp()用来比较字符串。

> **强调**
>
> strcmp()函数的使用说明：
> 原型：extern int strcmp(char * s1,char * s2);
> 头文件：#include <string.h> 和 #include <stdio.h>
> 功能：比较字符串 s1 和 s2。
> 说明：
> 当 s1 < s2 时，返回值 <0；
> 当 s1 = s2 时，返回值 =0；
> 当 s1 > s2 时，返回值 >0。
> 字符串大小的比较是以 ASCII 码表上的顺序来决定的，此顺序也为字符的值。strcmp()首先将 s1 的第一个字符值减去 s2 的第一个字符值，若差值为 0，则再继续比较下个字符，若差值不为 0，则将差值返回。例如，字符串"Ac"和"ba"比较，则会返回字符"A"(65)和'b'(98)的差值(-33)。
> 如，printf("strcmp(a,b):%d\n",strcmp(a,b));

3.5 本章小结

本章介绍了 C 语言的判定性问题的几种组织方式，进一步加深了对基本数据类型的了解，着重讲解了关系运算、逻辑运算及 if、switch 条件语句。通过详细讲解简单计算器和 ATM 取款机系统两个案例，从问题的提出、编程思路的梳理、程序流程图的画法、程序清单的实现及最后的代码解析，深入并详细地介绍了什么是判定性问题、判定性问题如何使用 if 和 switch 语句来实现。

【知识层面】

(1) 判定条件：关系型判定条件包含关系运算符与关系表达式；逻辑型判定条件包括逻辑运算符和逻辑表达式。其中关系运算优先级要高于逻辑运算。

(2) if-else 判定结果：无论是单分支结构还是多分支结构，在 if 语句的 3 种结构中，只能执行一条分支；在 if 嵌套条件结构中，要着重注意 else 与 if 的结构性。

(3) 数据类型：强调了第 2 章数据类型的使用，如 double 数据类型的四舍五入如何设置、字符类型的输入和比较问题。

(4) switch 语句：在 switch 语句的表达式中，只适合整型和字符型的条件判定。switch 语句中的 case 要与 break 语句搭配来使用。

【方法的层面】

(1) 分支语句的设置，可以使用 if-else 或者 switch 语句，注意它们的区别。

(2) 对 switch 结构中 break 语句的使用与技巧。

(3) 数据类型的处理，如数据类型的转换问题、小数的位数的取舍问题、字符类型的输入和比较等问题。

3.6 习　　题

一、选择题

1. 以下关于逻辑运算符两侧运算对象的叙述中，正确的是（　　）。
   A. 只能是整数 0 和 1
   B. 只能是整数 0 和非整数
   C. 可能是结构体类型的数据
   D. 可以是任意合法的表达式
2. 定义 int a = 1,b = 2,c = 3,d = 4，则表达式 a<b? a:b<d? c:d 的值为（　　）。
   A. 1
   B. 2
   C. 3
   D. 4
3. 已定义变量 int a，则不能正确表达数学关系 9<a<14 的表达式是（　　）。
   A. !(9<a&&a<14)
   B. a==10||a==11||a==13||a=12
   C. a>9&&a<14
   D. !(a<=9)&&!(a>=14)

二、填空题

1. 以下程序运行后的输出的结果为＿＿＿＿＿＿。

```
int main()
{
    int c =35;
    printf("% d\n",c&c);
}
```

2. 以下程序运行后的输出的结果为＿＿＿＿＿＿。

```
int main()
{
    int a,b,c;
    a =10;
    b =20;
    c =(a% b<1)||(a/b>1);
    printf("% d % d % d\n",a,b,c);
}
```

三、编程训练

1. 韩信点兵。韩信有一队兵，他想知道有多少人，便让士兵排队。他命令士兵 3 人一排，结果多出 2 人；接着命令士兵 5 人一排，结果多出 3 名；他又命令士兵 7 人一排，结果又多出 2 名。你知道韩信至今有多少兵吗？
2. 从键盘上输入 n 个分数，去掉最高分和最低分。

四、扩展项目训练

项目名称：简易的课表查询系统

【问题提出】录入周课表，通过输入星期几，查询相应的课表。

第 4 章

循环结构与应用

- 理解循环语句程序设计的基本思想
- 掌握 for、while、do…while、break、continue、goto 语句的使用方法
- 掌握 C 语言中三种循环结构的特点
- 掌握不同循环结构的选择及其转换方法
- 掌握混合控制结构程序设计的方法

本章重点
- 确定循环条件
- for、while、do…while 语句的基本语法和用法

本章难点
- 循环条件的建立及循环控制变量的设置
- break、continue 子句在循环中的作用
- 顺序、选择与循环三种控制结构的混合编程

当老师对全班 50 个学生的期末成绩进行分析时,要求全班成绩的总成绩及平均成绩,如图 4-1 所示。这些都需要做重复的处理。有时重复的次数是确定的,有时却是不确定的。因此,程序设计提供了另一种结构——循环语句来实现 。

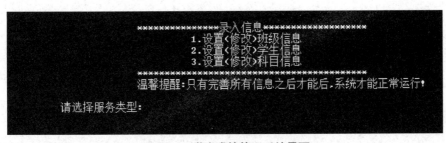

图 4-1 学生成绩管理系统界面

4.1 for 循环语句

重复执行的语句在 C 语言中称为循环语句，如两万米长跑比赛，每圈 400 米，1 圈、2 圈、3 圈……直到跑满 50 圈才停止。就是要循环地在跑道上执行跑步的动作。

那么在 C 语言中如何来描述循环语句呢？如何来解决呢？

4.1.1　for 循环语句的结构

for 语句是循环控制使用较广泛的一种语句，特别适用于已知循环次数的情况。它的一般形式为：

```
for(表达式1;表达式2;表达式3)
{
循环体；
}
```

其中 for 语句的要求如下：

（1） for 后面的括号 （ ） 不能省。

（2） 表达式 1： 一般为赋值表达式，给循环控制变量赋初值。

（3） 表达式 2： 一般为关系表达式或逻辑表达式，作为循环控制条件。

（4） 表达式 3： 一般为赋值表达式，给循环控制变量增量或减量。

（5） 表达式之间用分号分隔。

for 循环结构执行过程 （如图 4－2 所示）：

（1） 先计算 "表达式 1"，且只计算一次。

（2） 计算 "表达式 2"，若 "表达式 2" 的值为非 0，执行循环体。当 "表达式 2" 的值为 0 时，整个循环终止，执行本循环之后的第一条语句。

（3） 循环体执行完后，计算 "表达式 3"，然后再转去执行第 （2） 步 （即再计算 "表达式 2"）。

（4） 循环结束，执行 for 语句之后的第一个语句。

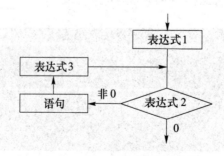

图 4－2　for 循环结构流程图

4.1.2 for 循环的应用

【例 4-1】利用 for 循环语句求 1~100 的和,并输出结果。

程序清单

```c
/*一个简单的C语言程序*/
#include<stdio.h>
void main()
{
    int i=1,sum=0;
    for(i=1;i<=100;i++)
    {
        sum+=i;
    }
    printf("sum=%d\n",sum);
}
```

运行结果如图 4-3 所示。

```
sum=5050
Press any key to continue
```

图 4-3 实例 4-1 运行结果

表 4-1 所示几个程序也是求 1~100 的累计和,请比较它们之间的差异。

表 4-1 比较程序差异

程序一	程序二	程序三

`#include <stdio.h>`
`void main()`
`{`
`  int i=1,sum=0;`
`  for( ;i<=100;i++)`
`  {`
`    sum+=i;`
`  }`
`  printf("sum=%d\n",sum);`
`}`
	`#include <stdio.h>`
	`void main()`
	`{`
	`  int i=1,sum=0;`
	`  for( ;i<=100; )`
	`  {`
	`    sum+=i++;`
	`  }`
	`  printf("sum=%d\n",sum);`
	`}`
		`#include <stdio.h>`
		`void main()`
		`{`
		`  int i=1,sum=0;`
		`  for( ; ; )`
		`  {`
		`    if(i>100) break;`
		`    sum+=i++;`
		`  }`
		`  printf("sum=%d\n",sum);`
		`}`

> **说明**
>
> (1) "表达式1"可省略。此时,应该在for循环开始之前对有关变量赋值,否则可能出错。
>
> (2) "表达式2"为循环的控制条件,用于控制循环是否继续。一般为关系表达式或逻辑表达式,也可以是简单的变量或数组元素,甚至可以是常量。
>
> (3) "表达式2"可以省略。"表达式2"省略时,表示循环条件恒为真,此时,应该在循环中包含能终止的语句,否则为"死循环",程序将无法正常终止。
>
> (4) "表达式3"可省略。此时,应该在循环体中包含改变有关变量值的语句,尤其是要能够改变循环控制变量的值。
>
> (5) for循环中3个表达式都省略时,3个表达式之间的";"不能省略。

【例4-2】求某班20名学生的C语言成绩的平均成绩,并输出结果。

程序清单

```
/*一个简单的C语言程序*/
#include "stdio.h"
int main()
{
    int i;
    float all=0,aver,a;
    printf("请输入学生的成绩:\n");
    for(i=1;i<=20;i++)
    {
        scanf("%f",&a);
        all=all+a;
    }
    aver=all/20;
    printf("20名学生的C语言平均成绩为:%.1f\n",aver);
    return 0;
}
```

运行结果如图4-4所示。

```
请输入学生的成绩:
78 90 67 87 67 56 76 89 90 87 98 45 67 78 67 86 89 90 96 93
20名学生的C语言平均成绩为:79.8
Press any key to continue
```

图4-4 实例4-2运行结果

代码解析:

(1) 声明一个实型变量all,初值为0,存放成绩和;声明实型变量a,存放每一名学生的成绩;声明实型变量aver,存放平均成绩。

(2) 声明一个整型变量i作为循环变量。

(3) 当i<=20成立时,重复执行步骤(4)和步骤(5);当i>20时,执行步骤(6)。

(4) 输入每名学生成绩,即为变量 a 赋值。

(5) 将 a 加入 all 中。

(6) 计算 aver = all/20,输出 aver 值。

> **注意**
>
> C 语言的 for 语句比其他语言(如 FORTRAN,Pascal)中的 for 语句功能强得多。可以把循环体和一些与循环控制无关的操作也作为表达式 1 或表达式 3 出现,这样程序可以短小简洁。但应注意:过分地利用这一特点会使 for 语句显得杂乱,可读性降低,最好不要把与循环控制无关的内容放到 for 语句中。

4.2 while 循环

当明确知道循环初始条件,循环次数至少 0 次的情况下,可以使用 while 循环。它的一般形式为:

```
while(表达式)
{
循环体语句;
}
```

其中 while 循环语句的要求如下:

(1) while 语句的特点是"先判断,后执行",即如果循环条件表达式的值一开始就是 0,则循环体一次也不执行,但循环条件表达式是要计算的。

(2) while 语句中的循环条件表达式一般是关系表达式或逻辑表达式,但也可以是数值表达式或字符表达式,只要其值非 0,就可以执行循环体。

(3) 循环体如果是一条语句,则花括号"{}"可以省略。

在循环体中,必须有使循环条件趋向于不成立(假)的语句。如果没有,则循环条件永远不能结束,称为死循环。

while 循环结构执行过程如图 4-5 所示。

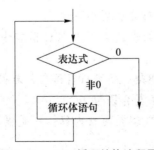

图 4-5 while 循环结构流程图

(1) 先检查循环条件表达式;

(2) 当循环条件表达式值为非 0(真)时,就执行 while 语句中的循环体语句;

(3) 返回重新检查循环条件表达式,重复过程(2);

(4) 当表达式为 0（假）时,整个循环终止,执行本循环之后的第一条语句。

【例 4-3】利用 while 循环语句求 1~100 的和,并输出结果。

程序清单

```
/*一个简单的C语言程序*/
#include <stdio.h>
int main()
{
    int i =1,sum =0;
    while(i < =100)
    {
        sum = sum + i;
        i ++;
    };
    printf("sum =% d\n",sum);
    return 0;
}
```

运行结果如图 4-6 所示。

```
sum=5050
Press any key to continue
```

图 4-6 实例 4-3 运行结果

代码解析:

在例 4-2 中,循环变量 i 初值为 1,循环体语句是复合语句{sum = sum + i; i ++ ;},每累加一次,i 的值增 1,为下一次循环做准备。当 i = 101 时,跳出循环体,执行 while 循环后面的 printf 函数语句。

> **注意**
>
> (1) while 是 C 语言里的关键字,要小写。
>
> (2) while 后一对圆括号中的表达式可以是 C 语言中任意合法的表达式,但不能为空,由它控制循环体是否执行。
>
> (3) 在语法上,循环体只能是一条可执行语句,若循环体内有多条语句,则必须用一对花括号{}括起来,执行一条复合语句。
>
> (4) 对于任何循环,只需要掌握两点内容:一是循环条件是什么,二是循环体是什么。
>
> (5) 要结束循环,一般有两种方式:一种是正常结束（即不满足循环条件了）;二是中途结束（用 break 语句）。

4.3 do…while 循环

当遇到循环结束条件明确，循环次数要求至少 1 次的情况时，可以使用 do…while 循环语句。即如果题目明确说明无论在什么条件下必定要执行一次或一次以上的循环，那么选择 do…while 语句比 while 语句更适合。do…while 语句的一般形式如下：

```
do
{
    循环体语句;
} while(表达式);
```

do…while 语句的语义是：先执行循环体中的语句，然后判断表达式是否为真，如果为真，则继续循环；如果为假，则终止循环。因此，do…while 循环至少要执行一次循环语句。

> **说明**
> （1）do 是 C 语言的关键字，必须和 while 联合使用。
> （2）do…while 循环由 do 开始，至 while 结束。必须注意的是，while(表达式) 后的";"不可丢，它表示 do…while 语句的结束。
> （3）while 后一对圆括号中的表达式，可以是 C 语言中任意合法的表达式，由它控制循环是否执行。
> （4）按语法，do 和 while 之间的循环体只能是一条可执行语句。若循环体内需要多个语句，应该使用复合语句。

do…while 循环结构执行过程如图 4-7 所示。
（1）执行 do 后面循环体中的语句。
（2）计算 while 后一对圆括号中表达式的值。当值为非 0 时，转去执行步骤（1）；当值为 0 时，执行步骤（3）。
（3）退出 do…while 循环。

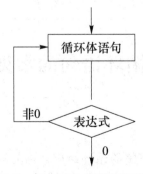

图 4-7 do…while 循环结构流程图

> **注意**
>
> do…while 与 while 的区别：
> （1）while 循环的控制出现在循环体之前，只有当 while 后面条件表达式的值为非 0 时，才可能执行循环体，因此，循环体可能一次都不执行。
> （2）在 do…while 构成的循环中，总是先执行一次循环体，然后再求条件表达式的值，因此，无论条件表达式的值是 0 还是非 0，循环体至少要被执行一次。

【例 4-4】利用 do…while 循环语句求 1~100 的和，并输出结果。

程序清单

```
/*一个简单的C语言程序*/
#include <stdio.h>
int main()
{
    int i = 1,sum = 0;
    do
    {
        sum = sum + i;
        i ++;
    }
    while(i < =100);
    printf("sum = % d\n",sum);
    return 0;
}
```

运行结果如图 4-8 所示。

图 4-8 实例 4-4 运行结果

> **思考**
>
> for、while、do…while 3 种循环都可以用来处理同一个问题，是否可以互相代替？

4.4 循环语句的常见问题

4.4.1 双重循环

一个循环体内又包含另一个完整的循环结构，称为双重循环。for 循环、while 循环和 do…while 循环可以互相嵌套。如下面几种格式都是合法的：

```
(1)for( ; ;)          (2)for( ; ;)          (3)while()
   {...                  {...                  {...
    for( ; ; )             while()              while()
    {...}                  {...}                {...}
    ...                    ...                  ...
   }                      }                    }
(4)do                 (5)while              (6)do
   {...                  {...                  {
    do                    do                    ...
    {...                  {...                  for( ; ; )
    }while();             }while();             {...}
    ...                   ...                   ...
   }while();             }                     }while();
```

> **注意**
> 外循环的循环变量增加一次，内循环则要执行完自己的循环。

【例4-5】在屏幕上输出九九乘法表。

程序清单

```c
/* 一个简单的C语言程序 */
#include "stdio.h"
int main()
{
    int i,j,sum;
    for(i =1;i < =9;i ++)
    {
        for(j =1;j < =i;j ++)
        {
            sum = i * j;
            printf("  % d * % d = % d",i,j,sum);
        }
        printf("\n");
    }
    return 0;
}
```

运行结果如图4-9所示。

使用其他循环嵌套的格式来实现九九乘法表。

```
1*1=1
2*1=2   2*2=4
3*1=3   3*2=6   3*3=9
4*1=4   4*2=8   4*3=12  4*4=16
5*1=5   5*2=10  5*3=15  5*4=20  5*5=25
6*1=6   6*2=12  6*3=18  6*4=24  6*5=30  6*6=36
7*1=7   7*2=14  7*3=21  7*4=28  7*5=35  7*6=42  7*7=49
8*1=8   8*2=16  8*3=24  8*4=32  8*5=40  8*6=48  8*7=56  8*8=64
9*1=9   9*2=18  9*3=27  9*4=36  9*5=45  9*6=54  9*7=63  9*8=72  9*9=81
Press any key to continue
```

图4-9　实例4-5运行结果

4.4.2　无限循环

从前面学习过的几种循环语句中可以发现，循环总是在不满足循环条件时就终止执行（或者不执行）。因此，条件判断约束了循环不能无限地执行下去。一旦约束循环的条件出现问题，会出现什么后果呢？

程序清单

```
/*无限循环实例*/
/***************/
#include <stdio.h>
void main()
{
    int i;
    long sum;
    while(1)
    {
        i++;
        sum = i;
        printf("sum = % d\n",&sum);
    }
    return 0;
}
```

以上程序出现什么结果？是不是程序无法结束？出现以上结果的原因是什么呢？while循环体内的判断条件一直为1，while循环体内没有中止循环语句，因此程序会无限循环下去。

> 📢 **说明**
>
> 不是所有的无限循环都具有破坏性或不可使用性，在一些情况下，无限循环可以完成不少应用的需要。

4.4.3　循环语句的选择

同一个循环问题，既可以用for循环解决，也可以用while或do…while循环解决，但在

实际应用中,应根据具体情况来选用不同的循环结构,选用的原则如下:

(1) 如果循环次数在执行循环体之前就已经确定,一般用 for 循环结构;如果循环次数是由循环体的执行情况来确定的,一般用 while 循环或者 do…while 循环结构。

(2) 当循环体至少执行一次时,用 do…while 循环结构,反之,如果循环体可能一次也不执行,则选用 while 循环结构。

(3) 在 while 循环和 do…while 循环结构选择方面,初学者应该尽可能选择 while 循环,因为 while 循环体执行前先进行循环条件判断,能够很好地把握循环的次数,安全程度要高;而使用 do…while 循环体对于初学者来说很容易出现循环次数把握不准的情况。

4.5　跳出循环语句

有时需要在循环体中提前跳出循环,或者在满足某种条件下,不执行循环中剩下的语句,而立即从头开始新的一轮循环,那么 C 语言中如何实现此操作呢? break、continue、goto 语句解决了以上问题。

4.5.1　break 语句

在循环语句中,break 语句的作用是在循环体中测试到应立即结束循环操作时,使控制立即跳出循环结构,转而执行循环语句后面的第一条语句。break 语句对循环体执行过程的影响见表 4-2 所示程序。

表 4-2　break 语句对循环体执行过程的影响

程序一	程序二	程序三

while(表达式 1)
{
　…
　if(表达式 2)break;
　…
}
循环后的第一条语句;
	do
	{
	　…
	　if(表达式 2)break;
	　…
	}while(表达式 1);
	循环后的第一条语句;
		for(;表达式 1;)
		{
		　…
		　if(表达式 2)break;
		　…
		}
		循环后的第一条语句;

> **注意**
> (1) break 语句只能用于由 while 语句、do…while 语句或 for 语句构成的循环结构中和 switch 选择结构中。
> (2) 在嵌套循环的情况下,break 语句只能终止并跳出包含它的最近一层的循环体。其影响的示意程序见表 4-3 中的程序一所示。
> (3) 在嵌套循环的情况下,如果想让 break 语句跳出最外层的循环体,那么可设置一标志变量 tag,然后在每层循环后面加上一条语句:if(tag) break,其值为 1,表示跳出循环体,为 0 则不跳出。其影响的示意程序见表 4-3 程序二所示。

表 4-3 示意程序

程序一	程序二
| ```
for(…)
{
    while(…)
    {
        …
        if(…)break;
        …
    }
    while 循环后的第一条语句;
}
``` | ```
int tag = 0;
for(…)
{
    while(…)
    {
        …
        if(…){tag = 1;break;}
        …
    }
    if(tag) break;
    …
}
for 循环后的第一条语句;
``` |

【例 4-6】 计算 S = 1 + 2 + 3 + … + i，直到累加到 S 小于 5000 为止，并输出 S 和 i 和值。

程序清单

```
/* 一个简单的 C 语言程序 */
#include"stdio.h"
main()
{
int i = 1, s = 0;
for(;;i ++)
{
  s + = i;
  if(s > 5000)
  break;
}
printf("s = % d,i = % d\n",s - i,i - 1);
}
```

运行结果如图 4-10 所示。

```
s=4950,i=99
Press any key to continue
```

图 4-10 实例 4-6 运行结果

代码解析：

例 4-6 中，如果没有 break 语句，程序将无限循环下去，成为死循环。但当 i = 100 时，S 的值为 100 × 101/2 = 5050，if 语句中的条件表达式 S > 5000 为 "真"（值为 1），于是执行 break 语句，跳出 for 循环，从而终止循环。

4.5.2 continue 语句

continue 语句与 break 语句不同，continue 语句的作用是跳出本次循环体中余下尚未执行的语句，立即进行下一次的循环条件判断，可以理解为仅结束本次循环，并不终止整个循环的执行。Continue 语句对循环执行过程的影响见表 4-4 所示程序。

表 4-4 Continue 语句对循环执行过程的影响

程序一	程序二	程序三

while(表达式 1)
{
　…
　if(表达式 2) continue;
　…
}
循环后的第一条语句;
	do
	{
	　…
	　if(表达式 2) continue;
	　…
	} while(表达式 1);
	循环后的第一条语句;
		for(；表达式 1；)
		{
		　…
		　if(表达式 2) continue;
		　…
		}
		循环后的第一条语句;

> **注意**
> （1）continue 语句只能用于由 while 语句、do…while 语句或 for 语句构成的循环结构中。
> （2）在嵌套循环的情况下，continue 语句只对包含它的最内层的循环体语句作用，见表 4-5。
>
> 表 4-5 continue 语句的影响
>
> | 程序一 |
> |---|
> | for(…)
{
　while(…)
　{
　　…
　　if(…) continue;
　　…
　}
　while 循环后的第一条语句;
} |

【例 4-7】把 100~200 之间不能被 3 整除的数输出。

程序清单

```
/*一个简单的C语言程序*/
#include "stdio.h"
main()
{
    int n;
    printf("100 到 200 之间不能被 3 整除的数:\n");
    for(n=100;n<200;n++)
```

```
    {
        if(n% 3 = =0)
        continue;
        printf("% 4d",n);
    }
}
```

运行结果如图 4－11 所示。

```
100到200之间不能被3整除的数:
 100 101 103 104 106 107 109 110 112 113 115 116 118 119 121 122 124 125 127 128
 130 131 133 134 136 137 139 140 142 143 145 146 148 149 151 152 154 155 157 158
 160 161 163 164 166 167 169 170 172 173 175 176 178 179 181 182 184 185 187 188
 190 191 193 194 196 197 199Press any key to continue
```

图 4－11　实例 4－7 运行结果

4.5.3　goto 语句

goto 语句可以起到简化程序的作用。使用形式如下：

```
goto 语句标签;
```

goto 语句的作用是使控制转移到某个语句标签处。语句标签是一个标识符，它唯一的用途是作为 goto 语句的转移目标。其定义方法是把它写在某语句之前，后面跟随一个冒号。

注意

在结构化程序设计中，一般不主张使用 goto 语句，以免造成程序流程的混乱，使理解和调试程序都产生困难。

下面的例子用 goto 语句实现了一个循环结构：

```
sum =0; i =1;
again:  if(i >10)
            goto  quit;
        sum + =i;
        i ++;
        goto again;
quit:   printf("sum = % d\n",sum);
```

尽管 C 语句提供了 goto 语句，但是它的作用并不大，没有 goto 语句照样能够写出好程序，有了它有时却会适得其反，所以有的教材对 goto 语句只字不提。

4.6　案例实现

4.6.1　案例 1：学生成绩管理系统

【问题描述】在学生成绩管理系统中实现可控的数据处理，并对多次输入的三门成绩进行分类求和。

【编程思路】定义 3 门成绩变量为 float 类型,定义成绩的最大值和最小值变量为 float 类型,通过 while 循环提示输入 3 门课的成绩,判断其成绩的有效性,按课程类别统计总分。

该程序的流程图如图 4-12 所示。

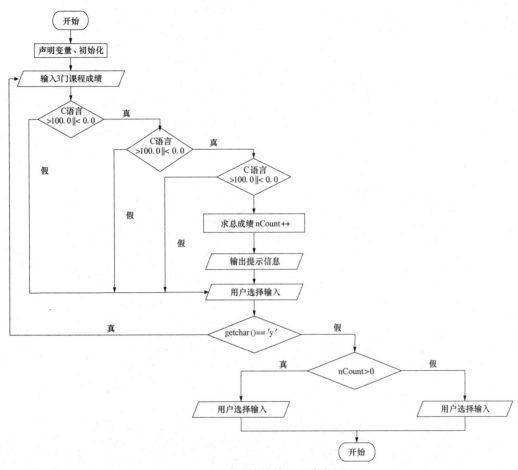

图 4-12 学生成绩管理系统流程图

程序清单

```
#include <stdio.h>
void main()
{
    float fMin = 0.0f, fMax = 100.0f;
    float fTotalc = 0.0f, fTotale = 0.0f, fTotalm = 0.0f;
    float fClanguage = 0.0, fEnglish = 0.0, fMath = 0.0;
    int nCount = 0;
    do{
        printf(" - - - - - - - - - - - - - - - - - - - - - - - - -\n");
```

```c
            fClanguage = 0.0;
            fEnglish = 0.0;
            fMath = 0.0;
            printf("请输入 c 语言,英语还有高数成绩,用逗号隔开:");
            scanf("%f,%f,%f",&fClanguage,&fEnglish,&fMath);
            if(fClanguage >fMax || fClanguage < fMin)
            {
                printf("%0.1f 不是合法成绩数据! \n",fClanguage);
                printf("继续输入下个同学的成绩吗? y or n:\n");
                flushall();
                continue;
            }

            if(fMath > fMax || fMath < fMin)
            {
                printf("%0.1f 不是合法成绩数据! \n",fMath);
                printf("继续输入下个同学的成绩吗? y or n:\n");
                flushall();
            continue;
            }

            if(fEnglish > fMax || fEnglish < fMin)
            {
                printf("%0.1f 不是合法成绩数据! \n",fEnglish);
                printf("继续输入下个同学的成绩吗? y or n:\n");
                flushall();
                continue;
            }
            fTotalc += fClanguage;
            fTotale += fEnglish;
            fTotalm += fMath;
            nCount ++;
            printf("继续输入下个同学的成绩吗? y or n:\n");
            flushall();
}
while(getchar() == 'y');
if(nCount >0)
{
        printf("c 语言的总成绩为 %0.1f\n",fTotalc);
        printf("英语的总成绩为 %0.1f\n",fTotale);
        printf("高数的总成绩为 %0.1f\n",fTotalm);
}
        else
```

```
        {
            printf("无效的成绩数据输入\n!");
        }
    }
}
```

运行结果如图 4-13 所示。

图 4-13　学生成绩管理系统

4.6.2　案例 2：简易计算器

第 3 章讲了简易计算器的实现，但它的功能还需要继续加强。现在对计算器做如下功能的扩展：

【问题描述】

(1) 增加菜单循环执行的功能。

(2) 实现三角函数正弦函数的功能 (sin 函数)。

(3) 实现三角函数余弦函数的功能 (cos 函数)。

【编程思路】首先定义计算操作数和结果的变量，打印输出功能界面，选择运算类型，通过 while 语句判断选择的运算类型，进行不同的运算。

程序流程图如图 4-14 所示。

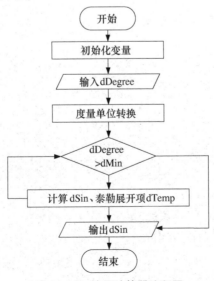

图 4-14　简易计算器流程图

程序清单

```c
/*计算器*/
#include <stdio.h>
#include <stdlib.h>
#include <math.h>
void main()
{
    int sum,a,b;
    double dSin=0.0,dCos=0.0,dTemp=1.0,dArc=0.0;
    double pi=3.1415926,dMin=0.000001,dDegree=0.0;
    int k;
    int s=1;
    while(s!=9)
    {
        system("cls");
        printf("------------------------\n");
        printf("  加法运算---------------1\n");
        printf("  减法运算---------------2\n");
        printf("  乘法运算---------------3\n");
        printf("  除法运算---------------4\n");
        printf("  sinx 运算--------------5\n");
        printf("  cosx 运算--------------6\n");
        printf("  退出------------------9\n");
        printf("------------------------\n");
        printf("  请输入功能选择:");
        scanf("%d",&s);
switch(s)
  {
      case 1:
          printf("  -----加法运算-----\n");
          scanf("%d,%d",&a,&b);
          sum=a+b;
          printf("  %d+%d=%d",a,b,sum);
          getchar();
          getchar();
          break;
      case 2:
          printf("  -----减法运算-----\n");
          scanf("%d,%d",&a,&b);
          if(a<b)
          {
```

```
                    printf("输入的值有误!");
                    getchar();
                    getchar();
                    break;
            }
            else
            {
                    sum = 0;
                    sum = a - b;
                    printf("  % d - % d = % d",a,b,sum);
                    getchar();
            }
            getchar();
            break;
    case 3:
            printf("  - - - - - 乘法运算 - - - - - \n");
            scanf("% d,% d",&a,&b);
            sum = a * b;
            printf("  % d * % d = % d",a,b,sum);
            getchar();
            getchar();
            break;
    case 4:
            printf("  - - - - - 除法运算 - - - - - \n");
             scanf("% d,% d",&a,&b);
            sum = a / b;
            printf("  % d / % d = % d",a,b,sum);
            getchar();
            getchar();
            break;
case 5:
            dSin = 0.0;
            dTemp = 1.0;
            dArc = 0.0;
            k = 0;
            dDegree = 0;
            printf("   请输入弧度:");
            scanf("% lf",&dDegree);
            dTemp = dDegree * pi / 180;
            dArc = dDegree * pi / 180;
            while( fabs(dTemp) > dMin)
```

```
                }
                dSin+ =dTemp;
                k+ =2;
                dTemp =( -1) * dTemp * dArc * dArc/((k+1) * (k));
            }
            printf("   sin(%f) = %lf \n",dDegree,dSin);
            printf("   请按任意键返回菜单。\n");
            getchar();
            getchar();
            break;
        case 6:
            dCos =0.0;
            dTemp =1.0;
            dArc =0.0;
            k =0;
            dDegree =0;
            printf("   请输入弧度:");
            scanf("%lf",&dDegree);
            dArc =dDegree * pi/180;
            while( fabs(dTemp) >dMin)
            {
                dCos+ =dTemp;
                k+ =2;
                dTemp =( -1) * dTemp * dArc * dArc/((k-1) * (k));
            }
            printf("   cos(%f) = %lf \n",dDegree,dCos);
            printf("   请按任意键返回菜单。\n");
            getchar();
        getchar();
            break;
        case 9:
            return;
            break;
        default:
            printf("输入的选项编码错误! 按任意键返回菜单。\n");
            getchar();
            getchar();
        }
    }
}
```

运行结果如图 4 -15 所示。

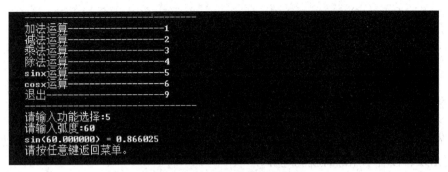

图 4-15 简易计算器运行结果

4.7 编码规范

C 语言的写作风格极为自由，故而容易产生格式混乱、难以阅读、难以理解的程序。所以编写程序也有编码规范，良好的编码规范能够帮助程序员写出容易理解的程序。程序只有容易理解，才能容易排错，容易维护。其实编程规范主要是形式的问题，掌握起来并不困难，但是它能带来的好处却是巨大的。良好的编程习惯的直接好处就是使程序更容易正确运行，间接好处是使程序更容易维护。初学者在学习程序设计的同时，也要建立自己的良好的编程风格，并且不断地完善它。

4.7.1 命名规范

标识符（identifier）其实就是名字，自定义的类型、变量、符号常量、宏、函数、语句的标签都要有名字，当然，用得最多的是变量名。C 语言规定，名字只能由字母、数字、下划线组成，但数字不能作为名字的第一个字符，允许的最大长度为 31 个字符。为了提高程序的可读性，专家们通常主张"见名知意"。许多软件厂家都制定了严格的命名规则。

对于局部变量，可以使用短名字。按常识使用的局部变量可以采取极短的，甚至单字母的名字。例如，i、j、k 作为循环变量，p、q 作为指针变量，s、t 表示字符串。直接使用数学符号也是不错的选择，比如 x、y 代表坐标值，a、b、c 代表一元二次方程的系数。这些名字使用得如此普遍，采用长名字不会有什么益处，可能适得其反。

4.7.2 表达式书写

表达式应该在保证清晰的前提下力求简短。C 语言为做同样一件事往往提供了多种选择，应该采取最清晰、最简短、最习惯的一种。当然，清晰和简短这两个目标往往难以同时满足，需要权衡，最终目标只是达到最佳的可读性。例如，下面 4 种做法是等价的：

(1) i = 0;
    while(i < = n - 1)
    array[i + +] = 0.1;

(2) for(i=0;i<n;)
　　　array[i++]=0.1;
(3) for(i=n;--i>=0;)
　　　array[i++]=0.1;
(4) for(i=0;i<n;i++)
　　　array[i]=0.1;

4种做法都是正确的,但是应该选择第4种。这样对于熟悉C语言的人,不用思考就能正确地写出来,读者不用琢磨就能理解。

C语言有45个运算符,并且把它们安排在15个优先级上。很明显,C语言的运算符优先级的设计目标是让程序员写表达式时尽量少用括号。所以,作为程序员,应该记住所有运算符的优先级。

 强调

记住优先级轻而易举,益处多多。

4.7.3 语句排序

许多教材都主张:程序与段落之间要留有空行;一行只写一句;循环体语句必须用复合语句,即使其中只有一个简单的语句;左、右花括号各占一行等,这样会把一个屏幕就能容纳的程序扩大到四五个屏幕,这样就真的容易理解了吗?

本书主张:

(1) 程序段落之间不留空行,可以用右侧注释指明段落的区分。
(2) 尽量采用右侧注释,避免整行注释。
(3) 关系密切的多个语句可以放在同行上。例如:

t=a;a=b;b=t;

(4) if语句和循环语句都可以只占一行。例如:

if(a>b)m=a;else m=b;
if(a>b){t=a;a=b;b=t;}
for(sum=0,i=<=10;i++)sum+=i;

(5) 可以用逗号表达式语句代替只含表达式语句的复合语句。例如:

if(a>b) t=a,a=b,b=t;

(6) 左花括号不独占一行。多行的复合语句左、右花括号上下对齐,便于匹配。如果复合语句从属if语句或循环语句,左、右花括号要同整个语句的开始关键字对齐。例如:

if(a>b)
{ t=a;a=b;b=t;
}

(7) 程序必须缩排,缩排可以凸显程序的结构。Tab键可以缩进8个格子。

4.8 本章小结

本章主要讨论了循环结构程序设计的有关方法，重点介绍了与 C 语言三种循环控制结构有关的 for 语句、while 语句及 do…while 语句。

(1) for 语句主要适用于循环次数确定的循环结构。

(2) 循环次数及循环控制条件要在循环过程中才能确定的循环可用 while 或 do…while 语句。

(3) 三种循环语句可以相互嵌套组成多重循环，循环之间可以并列，但不能交叉。

(4) 三种循环结构可以相互转换。

(5) 可用转移语句把流程转出循环体外，但不能从外面转向循环体内。

(6) 在循环程序中应避免出现死循环，即应保证循环控制变量的值在运行过程中可以得到修改，并使循环条件逐步变为假，从而结束循环。

在学习三种循环控制语句的同时，还介绍了 C 语句中三个跳出循环语句，分别为 break、continue、goto 语句。

break、continue 和 goto 语句都可用于流程控制。其中 break 语句用于退出一层循环结构，continue 语句用于结束本次循环，继续执行下一次循环，goto 语句无条件转移到标号所标识的语句处去执行。当程序需要退出多重循环时，用 goto 语句比用 break 语句更直接方便。

4.9 习　　题

一、选择题

1. 设有程序段

```
int k=10;
while(k=0) k=k-1;
```

则下面叙述中正确的是（　　）。

A. while 循环执行 10 次　　　　　　B. 循环是无限循环
C. 循环体语句一次也不执行　　　　D. 循环体语句执行一次

2. 设有以下程序段

```
int x=0,s=0;
while(!x! =0) s+ = ++x;
printf("% d",s);
```

则（　　）。

A. 运行程序段后输出 0　　　　　　B. 运行程序段后输出 1
C. 程序段中的控制表达式是非法的　　D. 程序段执行无限次

3. 语句 while(!E); 中的表达式!E 等价于（　　）。

A. E==0　　　　　　　　　　　　B. E!=1

C. E!=0   D. E==1

4. 下面程序段的运行结果是（　　）。

```
a=1;b=2;c=2;
while(a<b<c){t=a;a=b;b=t;c--;}
printf("%d,%d,%d",a,b,c);
```

A. 1,2,0   B. 2,1,0
C. 1,2,1   D. 2,1,1

二、程序题

下面程序段的运行结果是_____。

```
int i=1,s=3;
   do{
   s+=i++;
   if(s%7==0) continue;
   else ++i;
}while(s<15);
printf("%d",i);
```

三、编程训练

1. 试编程序，找出 1~99 之间的全部同构数。同构数是这样一组数：它出现在平方数的右边。例如，5 是 25 右边的数，25 是 625 右边的数，5 和 25 都是同构数。

2. 试编程序，求一个整数任意次方的最后三位数，即求 x 的 y 次方的最后三位数。要求 x，y 从键盘输入。

3. 编写程序，从键盘输入 6 名学生的 5 门成绩，分别统计出每个学生的平均成绩。

四、扩展项目训练

百钱买百鸡：鸡翁 1，钱值 5；鸡母 1，钱值 3；鸡雏 3，钱值 1；何以百钱买百鸡？

第 5 章

模块化设计与应用

学 习 目 标

- 了解模块化程序设计的思想
- 掌握函数的定义及调用
- 掌握函数的参数传递
- 掌握局部变量和全局变量的区别和使用场合
- 掌握函数的嵌套调用

本章重点

- 函数的定语与调用
- 函数的参数与返回值
- 函数的嵌套调用
- 局部变量与全局变量

本章难点

- 函数的嵌套
- 函数的参数与返回值

对功能简单、单一的程序,可以将程序放在一个模块中,但对于功能复杂的大型软件系统而言,就必须按结构化程序设计的思想来设计软件。采用结构程序设计的思想,将复杂的问题按功能划分为一个个独立的模块,对每一个功能进行独立的定义,并规定各个模块之间的接口和传递的参数,采用功能模块为单位进行设计、编写程序和调试。如果功能模块比较复杂,可以将这些复杂的功能模块再细分成小的功能模块,直到每个独立模块容易实现。最后把各个模块通过接口或者参数传递连接成一个完整的软件。软件功能模块划分如图 5-1 所示。

5.1 模块化程序设计方法

模块化程序设计可以降低程序设计的复杂度和难度,并能缩短程序设计周期;模块程序的结构逻辑性更强、结构更清晰、层次更明确;模块化程序容易扩充,可读性、可维护性更好;模块化程序拥有更好的重复性和可移植性。

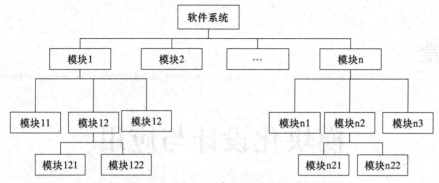

图 5-1 软件功能模块划分图

5.1.1 模块化程序设计思想

1. 模块化程序设计

模块化程序设计是要求各个模块之间相对独立,并且功能单一、结构清晰、接口简单。换句话说,程序的编写不是开始逐条录入计算机语句和指令,而是先从主程序、子程序、子过程等框架把软件的主要结构和流程描述出来,并定义和调试好各个模块之间的输入、输出的连接关系。以功能块为单位进行程序设计,实现其求解算法的方法称为模块化。

2. 模块化程序设计的实现

当设计一个复杂问题的程序时,常常采用"自上而下、逐步细化"的办法,将一个复杂的任务划分为若干个子任务,每一个子任务设计为一个子程序,称为模块。若子任务复杂,可以将子任务继续分解,直到子任务程序容易实现。每一个子任务对应一个子程序模块,子程序在编程程序时是相互独立的,完成总任务是由一个主程序和若干个子程序组成的,主程序起到任务调度的总控制功能,而每个子程序实现一个单一的任务。

在 C 语言中,模块化程序设计是通过"函数"来实现的,C 语言中的模块化就称为函数。一个 C 程序是由一个主函数和若干子函数构成的,通过主函数去调用其他函数,其他函数之间也可以实现相互调用。同一个函数可以被多个函数调用 1 次或者多次。在 C 语言程序中,一个大的程序可以分解成若干个程序模块,每一个程序模块实现一个特定的功能。C 程序的模块结构如图 5-2 所示。

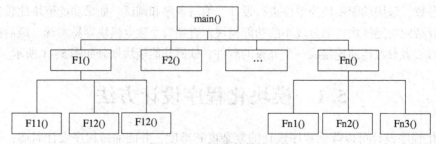

图 5-2 C 语言的模块结构

5.1.2 模块规划案例

【案例】ATM 取款系统。按功能,该案例可以分解为用户登录、服务界面、取款、存款、转账、查询、修改密码、选择服务、退卡、返回等功能模块。对每个单一功能模块用一个函数实现,该案例可以由 1 个主函数和 10 个子函数来实现。部分程序结构如下:

程序清单

```
#include <stdio.h>
void main()
{
    void server();//声明服务界面函数
    void qukuan();    //声明取款界面函数
    server();        //调用函数
    qukuan();        //调用函数
}
void server()        //定义函数
{
    printf("\n\n------中国建设银行------\n\n  **1存款** **2存款**
**\n");
}
void qukuan()
{
    printf("\n\n取款服务 功能为实现\n\n");
}
```

运行结果如图 5-3 所示。

图 5-3 程序运行结果

5.2 函　　数

函数是 C 语言的基本单位,通过对函数的调用可以实现特定功能。由于采用了函数模块式的结构,C 语言易于实现结构化程序设计,使程序的层次结构清晰,便于程序的编写、阅读和调试。在 C 语言中,可以从不同的角度对函数进行分类。在 C 语言中,所有的函数定义，包括主函数 main 在内，都是平行的。也就是说，在一个函数的函数体内，不能再定义另一个函数，即不能嵌套定义。但是函数之间允许相互调用，也允许嵌套调用。习惯上把调用者称为主调函数。函数还可以自己调用自己，称为递归调用。main 函数是主函数，它可以调用其他函数，而不允许被其他函数调用。因此，C 程序的执行总是从 main 函数开始，完成对其他函数的调用后再返回到 main 函数，最后由 main 函数结束整个程序。一个 C 源程序有且只能有一个主函数 main。

5.2.1 函数的定义

从函数定义的角度看，函数可分为库函数和用户定义函数两种。

一、库函数

由 C 系统提供，用户无须定义，也不必在程序中作类型说明，只需在程序前包含有该函数原型的头文件即可在程序中直接调用。在前面各章的例题中反复用到的 printf、scanf、getchar、putchar、gets、puts、strcat 等函数均属此类。

二、用户定义函数

用户定义函数是指由用户按需要写的函数。对于用户定义函数，不仅要在程序中定义函数本身，而且还必须在主调函数模块中对该被调函数进行类型说明，然后才能使用。

C 语言的函数兼有其他语言中的函数和过程两种功能，从这个角度看，又可把函数分为有返回值函数和无返回值函数两种。

1）有返回值函数

此类函数被调用执行完后，将向调用者返回一个执行结果，称为函数返回值。如数学函数即属于此类函数。由用户定义的这种要返回函数值的函数，必须在函数定义和函数说明中明确返回值的类型。

2）无返回值函数

此类函数用于完成某项特定的处理任务，执行完成后，不向调用者返回函数值。这类函数类似于其他语言的过程。由于函数无须返回值，用户在定义此类函数时，可指定它的返回为"空类型"。空类型的说明符为"void"。

从主调函数和被调函数之间进行数据传递的角度，又可分为无参函数和有参函数两种。

1）无参函数

函数定义、函数说明及函数调用中均不带参数。主调函数和被调函数之间不进行参数传递。此类函数通常用来完成一组指定的功能，可以返回或不返回函数值。

2）有参函数

也称为带参函数。在函数定义及函数说明时都有参数，称为形式参数（简称为形参）。在函数调用时也必须给出参数，称为实际参数（简称为实参）。进行函数调用时，主调函数将把实参的值传送给形参，供被调函数使用。

三、函数的定义

函数定义的一般形式如下。

1. 无参函数的定义

```
类型标识符 函数名()
{
    声明部分
    语句
}
```

函数名是由用户定义的标识符,函数名后有一个空括号,其中无参数,但括号不可少。{} 中的内容称为函数体。在函数体中也有类型说明,这是对函数体内部所用到的变量的类型说明。

其中类型标识符和函数名称为函数头。类型标识符指明了本函数的类型,函数的类型实际上是函数返回值的类型。该类型标识符与前面介绍的各种说明符相同。函数名是由用户定义的标识符,函数名后有一个空括号,其中无参数,但括号不可少。

{} 中的内容为函数体,用于确定函数的功能,完成规定的操作。函数体中的变量声明部分是对函数体内用到的所有变量的类型进行声明。函数体遇到 return 语句或最后一条语句执行结束后,返回主函数,并撤销在函数调用时为形式参数分配的空间。

当函数无返回值时,可以在定义函数时指定它的返回值为"空类型(void)"。当函数返回值类型为 int 时,可以不指定其返回值类型,系统默认为整型。

> **注意**
> (1) {} 中的内容称为函数体。函数体中的声明部分,是对函数体内部所用到的变量的类型说明。
> (2) 在很多情况下都不要求无参函数有返回值,此时函数类型符可以写为 void。

【例 5-1】定义银行服务界面的函数。

程序清单

```
#include <stdio.h>
void serverInterface()
{
    //打印出银行服务界面
    printf("\n\n----------------------------中国建设银行-------------------------------\n\n");
    printf("\n\n \n      ****1 存款****    ****2 全款****\n");
    printf("\n\n \n      ****3 查询****    ****4 转账****\n");
    printf("\n\n \n      ****5 修改密码********6 退卡****\n");
    printf("\n\n-----------------------------------------------------\n\n");
    printf("   请输入您选择的服务:");
}
```

2. 有参数函数的定义形式

```
类型标识符 函数名(形式参数表列)
{
    声明部分
    语句
}
```

有参函数比无参函数多了两个内容,其一是形式参数表,其二是形式参数类型说明。在形参表中给出的参数称为形式参数,它们可以是各种类型的变量,各参数之间用逗号间隔。在进行函数调用时,主调函数将赋予这些形式参数实际的值。形参既然是变量,当然必须给以类型说明。在进行函数调用时,主调函数将赋予这些形式参数实际的值。

【例 5-2】 定义两个数的最大值。

程序清单

```
int max(int a,int b)
{
    if(a> =b)   return a;
    else   return b;
}
```

代码解析:

第一行代码"int max(int a,int b)"表示函数返回一个整型,形参 a,b 在形参列表中要进行声明。形参中 a、b 值通过调用函数时传递过来。在函数体中,return 语句作为函数的值返回给主调函数,有返回值的函数至少有一个 return 语句。

3. "空函数"的定义形式

```
类型说明符  函数名()
{
}
```

如:

```
void summy()
{
}
```

调用此类函数时,什么工作也不做,没有实际作用。在主调函数中调用 summy(),表示这里需要调用一个函数,而这个函数没有起到作用,等以后把该函数的功能补充完整。在程序设计中往往需要确定若干个模块,分别由一些函数来实现。而在第一阶段只设计最基本的模块,其他一些次要功能在项目工作中需要时陆续补上。在程序编写的开始阶段,可以在将来准备扩充功能的地方写上一个空函数,而函数名采用实际函数名,如用 merge()、matproducr()、concatenate()、shell()等,分别代表合并、矩形相乘、字符相连、希尔法排序等,先占一个位置,以后用一个编好的函数代替它。这样做的目的是使程序结构清楚、程序可读性好,以后扩充新功能方便,对程序的结构影响也不大。

【例 5 -3】输入两个实数,求两个数的和。

【编程思路】定义一个函数名为 add( ),该函数的功能为求两个数的和,函数的返回值为 float 类型。两个数定义为 float 类型,并作为函数的形参。

程序清单

```
#include <stdio.h>
float add(float x,float y)
{
    float z;
    z = x + y;
    return z;
}
void main()
{
    float z = add(45,67.6);
    printf("% f\n",z);
}
```

程序运行结果如图 5 -4 所示。

```
112.599998
Press any key to continue_
```

图 5 -4　实例 5 -3 运行结果

代码解析:

代码段"float add(float x,float y){ }"是函数的定义,代码中"float z = add(45,67.6);"是函数的调用,并赋值给变量 z。

5.2.2　函数的一般调用

函数定义明确了函数能够完成的功能,但要真正实现函数功能,必须通过函数的调用来完成。定义了一个函数,只能说明该函数存在,函数只有通过调用才能发挥作用。要调用函数,必须声明该函数的原型,被定义且声明的函数才可以被调用。

函数声明的作用是通知编译系统被调用函数的类型、名称、形式参数的类型及数量,以便编译系统能够正确识别被调用的函数,并根据函数原型检查函数调用是否合法,与函数原型不匹配的函数调用会导致编译错误。

一、函数的声明

1. 库函数的声明

库函数的声明使用文件包含命令实现,一般形式为:

```
#include <头文件>
```

include 是特殊字,其含义是将头文件包含在程序文件中。文件包含的作用范围是从声明开始到程序结束,一般写在程序的开头。每一类库函数原型的声明都包含在相应的头文件中。包含头文件就实现了库函数的声明,如"studio.h"头文件,就可以在程序中直接调用输入/输出函数。

2. 自定义函数的声明

自定义函数声明的一般形式为:

类型说明符 被调用函数名(形参的类型列表);

或:

类型说明符 被调用函数名(带类型说明的形参列表);

函数声明与函数定义中,函数头的格式基本一致,其中函数类型、形参数量和形参类型等必须完全相同,但函数声明末尾有分号。

函数声明有3种方式。

1) 内部声明

在主调函数内进行函数声明,称为内部声明,也叫局部声明。内部声明应在主调函数中实现。

【例5-4】 在 main() 函数内声明被调函数 max()。

程序清单

```
#include <stdio.h>
void main()
{
    double a,b,c,max1;
    double max(double ,double ,double);//声明被调用函数max()
    max1 = max(a,b,c);
    printf("max = % f\n",max1);
}
```

内部声明清晰地描述了主调函数和被调函数,声明被调函数的函数叫主调函数。

2) 外部声明

在函数外声明被调函数,称为外部声明,也称全局声明。外部声明之后的所有函数都可以是该函数的主调函数。在函数定义时,前面加个 extern 即为外部函数。当然,这个 extern 关键字是可省略的,就是平时定的普通默认的函数。

如:

```
extern int fun(int a,int b){}
```

在本文件中,调用其他文件的外部函数时,需要对外部函数声明(当然,在本文件中调用也是要对函数原型进行声明的)。在进行此函数声明时,要加关键字 extern。

二、函数的调用

C语言中的每一个函数都具有一定的功能,只有通过调用的方式才能使用该函数的功能。在C语言中,函数调用的一般格式为:

```
函数命名(实际参数);
```

对无参数函数的调用则无实际参数列表。实际参数列表中，参数可以是常量、变量、表达式、数组、构造函数等，要与函数的形式参数的数据类型和顺序一一对应起来，各个实际参数之间用","进行分隔。

在 C 语言中，有主调函数和被调函数之分，在主调函数中可以采用以下形式调用被调函数。

1）函数语句

函数调用的一般形式加上分号构成函数语句。

如：

```
printf("%d",a);
Scanf("%d",&d);
```

2）函数表达式

函数作为表达式中一项出现在函数表达式中，以函数返回值参与表达式的运算，这种方式要求函数必须有返回值。

如：

```
k = sum(a,b);
```

【例 5-5】函数表达式。

程序清单

```
#include <stdio.h>
void main()
{
    double a,b,max1;
    double max(double x,double y);//声明被调用函数 max()
    scanf("%f,%f",&a,&b);
    max1 = max(a,b);
    printf("max = %f\n",max1);
}
double max(double x,double y)
{
    if(x>y)
    return x;
    else return y;
}
```

代码解析：

在例 5-5 中，double max(double x,double y);代码声明了 max 函数；在代码段 double max(double x,double y){if(x>y) return x; else return y;}定义了该函数，该函数有一个返回值；代码 max1 = max(a,b);中，max(a,b)表示为函数表达式进行调用。

3）函数实参

函数对另一函数调用的实际参数出现，这种情况是把该函数的返回值作为实参进行传递，因此要求该函数必须有返回值。

如：

```
printf("% d",max(x,y));
```

即把 max 调用的返回值又作为 printf 函数的实参来使用。

5.2.3 函数的返回值

什么是函数的返回值？函数的返回值是指函数被调用、执行完后返回给主调函数的值。

1. 函数的返回语句

返回语句的一般形式：

```
return 表达式;
```

功能：将表达式的值带回给主调函数。

2. 返回语句的说明

（1）函数内可以有多条返回语句，每条返回语句的返回值只能有一个。

（2）当函数不需要指明返回值时，可以写成如下形式。

```
return;
```

当函数中无返回语句时，表示最后一条语句执行完后自动返回，相当于最后加一条：

```
return;
```

（3）为了明确表示不带回值，可以用 void 定义为无返回类型的函数，简称"无类型"或"空类型"函数，表示函数在返回时不带回任何值。它的函数首部一般表示为：

```
void 函数名()
```

对于非"空类型"的函数，如果没有指明返回值，函数执行后实际上不是没有返回值的，而是返回一个不确定的值。

（4）函数中可以有多条 return 语句，但只执行一条 return 语句。无论执行哪一条 return 语句，都会返回到主调函数，并带回返回值。

如：

```
int  max(int x,int  y)
{
    if(x > y) return x;
    else return y;
}
```

（5）返回值的类型为函数的类型，如果函数的类型和 return 中表达式的类型不一致，以函数类型为准，先将表达式的值转换成函数类型后，再返回。

【例 5-6】将用户输入的华氏温度转换为摄氏温度输出。公式为：$C = (5/9) * (F - 32)$。

程序清单

```c
#include <stdio.h>
int ftoc( float f)
{
    return (5.0/9.0)*(f-32);
}
void main()
{
    double f;
    printf("请输入一个华氏温度:\n");
scanf("% f,&f);
printf("摄氏温度为:% d",ftoc(f));
}
```

代码解析：

在本例代码中，ftoc( )函数返回类型为 float，而主函数返回类型为 int，这时以函数返回类型为主。系统在返回结构值时，按函数类型要求的数据类型 int 型进行转换，然后将一个 int 型的值提供给主调函数。

5.2.4　函数的参数传递与返回值

一般情况下，调用函数时，主调函数和被调用函数之间有数据传递关系，主调函数有数据传到被调函数，被调函数也有数据返回到主调函数。

1. 函数的参数

函数的参数分为形参和实参两种。在定义函数时，函数后面的 ( ) 中的变量称为"形参"，如"float add(float x,float y){ }"中 x 和 y 变量叫形参。形参在定义时，必须指定数据类型。形参在整个函数中都可以使用，离开该函数则不能使用。

在进行函数调用时，函数名后面的 ( ) 中的表达式称为"实参"，如"float z = add(45, 67.6);"中的 45 和 67.6 叫实参。实参出现在函数调用时，主调函数将实参的值传递给被调函数的形参，实现了主调函数与被调函数之间的数据传递。

2. 函数形参和实参的特点

（1）形参必须要指定数据类型，在函数未被调用时，形参不占有内存，只有函数被调用时才分配内存。函数调用结束时，释放内存。形参的作用域只在函数体。

（2）实参必须是确定的值，实参可以是常量、变量、表达式、函数等。

（3）实参与形参在数量、数据类型、顺序上要一一对应。如果形参和实参类型不一致，函数调用时，自动按形参类型转换。

（4）函数调用过程中，数据传递是单向的，是从实参的值传递给形参。因此，在函数调用过程中，形参的值发生改变，实参中的值不会发生变化。

【例 5-7】计算 a 的立方值。

程序清单

```c
#include <stdio.h>
float cube(float x)
{
    return x*x*x;
}
void main()
{
    float a,product;
    printf("请输入求立方的数据:");
    scanf("%f",&a);
    product=cube(a);
    printf("%f 的立方的值为:%f",a,product);
}
```

代码解析：

在例 5-7 中，程序一开始运行，在 main() 中就为变量 a 和 product 分配内存，然后通过 scanf() 语句为 a 变量来赋值。在执行"product = cube(a)"语句时，同时为 cube() 函数中的形参 x 分配内存，同时 a 作为实参传递给 x。cube() 函数执行完成后，将 return 返回的值赋给被主调函数 main() 中的 product，将形参 x 变量的内存进行释放；main() 函数执行完成后，将变量 a 和 product 分配的内存进行释放。

3. 参数传递的形式

1）值传递

值传递就是函数调用为形参分配内存，并将实参的值复制到形参中。函数调用结束，形参单元会被释放，实参单元仍保留并维持。如实例 5-6 就是值传递。

> **注意**
>
> 值传递过程中，形参和实参占有不同的存储单元，是一种单向传递形式，即实参值传递给形参。

【例 5-8】采用值传递交换两个数 x 和 y 的值。

程序清单

```c
#include <stdio.h>
float cube(float x)
{
    return x*x*x;
}
void main()
{
    int x=7,y=11;
    printf("x=%d,\t y=%d",x,y);
    printf("swapped:\n");
```

```
    swap(x,y);
    printf("x = % d \t y = % d",x,y);
}
swap(int a,int b)
{
    int temp;
    temp = a; a = b;b = temp;
}
```

代码解析：

在 main( ) 中执行 swap(x,y) 语句时，调用 swap( ) 函数，为形参 a，b 分配内存，实参 x，y 的值分别传递给形参 a，b，形参和实参的内存空间是独立的；在 swap( ) 执行期间，形参 a，b 的值通过中间变量 temp 发生了改变，函数 swap( ) 执行完毕后，形参 a、b 的内存进行释放，但是实参 x 和 y 的值未发生变化。主要的原因在于，形参和实参内存空间独立，形参值的改变不会影响实参，这就是值的传递。

2）地址传递

在函数调用时，将实参的数据存储地址作为参数传递给形参，这就叫地址传递。

在地址传递过程中，形参与实参占用同样的存储单元，实参可以是地址常量或变量，而形参必须是地址变量。因为形参与实参占用同样的存储单元，所以形参的改变会影响实参，是一种双向传递。

【例 5-9】采用地址传递交换两个数 a 和 b 的值。

程序清单

```
#include <stdio.h>
swap(p1,p2)
int *p1,*p2;
{
    int p;
    p = *p1;
    *p1 = *p2;
    *p2 = p;
}
void main()
{
    int a,b;
    scanf("% d,% d",&a,&b);
    printf("a = % d,b = % d\n",a,b);
    printf("swapped:\n");
    swap(&a,&b);
    printf("a = % d,b = % d\n",a,b);
}
```

代码解析：

由代码可以看出，swap()的形参 p1 和 p2 为指向整型变量的指针变量，能够存储整型变量的内存，函数体中的 *p1 和 *p2 表示它们所指向的存储单元的内容。

5.2.5 数组作为函数参数

数组也可以作为函数的参数来使用，进行数据传递。数组作为函数参数有两种方式：一种是数组元素作为函数调用的实参使用；另一种是数组名作为函数调用的形参和实参使用。

1. 数组元素作为函数的参数

数组元素相当于变量，因此，数组元素作为函数实参与普通变量作为实参是完全相同的，在进行函数调用时，将数组元素的值传递给形参，实现一一对应、单向的值传递。

【例 5-10】数组元素作为函数的参数传递。

程序清单

```c
#include <stdio.h>
float max(float x, float y)
{
    if(x>y) return x;
    else return y;
}
void main()
{
    float m,a[10] = {12.3,105,34.5,50,67,9,8,98,89,-20};
    int k;
    for(k=1;k<10;k++)
    {
        m=max(m,a[k]);
    }
    printf("%.2f\n",m);
}
```

代码解析：

在例 5-10 中，max()在调用时，将 m 的值传递给形参 x，a[k]的值传递给形参 y，函数的返回值赋给变量 m。

> **注意**
> 数组元素只能作为函数的实参，不能作为函数的形参。

2. 数组名作为函数的参数

C 语言中的数组名有两个含义：一是用来标识数组，二是代表数组的首地址，数组名的实质就是数组的首地址。因此，数组名作为函数的参数与数组元素作为函数的参数有本质的区别。在 C 语言中，可以用数组名作为函数参数，此时实参和形参都使用数组名。参数传递时，实参数组的首地址传递给形参数组名，被调用函数通过形参使用实参数组元素的值，并且可以在被调用函数中改变实参数组元素的值。

> **注意**
> 用数组名作函数参数时,要求形参和相对应的实参必须是类型相同的数组,都必须有明确的数组说明。当形参和实参二者不一致时,即会发生错误。

在普通变量或下标变量作函数参数时,形参变量和实参变量是由编译系统分配的两个不同的内存单元。在函数调用时发生的值传递是把实参变量的值赋予形参变量。在用数组名作函数参数时,不是进行值的传递,即不是把实参数组的每一个元素的值都赋予形参数组的各个元素。因为实际上形参数组并不存在,编译系统不为形参数组分配内存。那么,数据的传送是如何实现的呢?在前面曾介绍过,数组名就是数组的首地址。因此,在数组名作函数参数时所进行的传递只是地址的传递,也就是说,把实参数组的首地址赋予形参数组名。形参数组名取得该首地址之后,也就等于有了实在的数组。实际上是形参数组和实参数组为同一数组,共同拥有一段内存空间。

图 5-5 中设 a 为实参数组,类型为整型。a 占有以 2000 为首地址的一块内存区。b 为形参数组名。当发生函数调用时,进行地址传递,把实参数组 a 的首地址传递给形参数组名 b,于是 b 也取得该地址 2000。于是 a、b 两数组共同占有以 2000 为首地址的一段连续内存单元。从图中还可以看出,a 和 b 下标相同的元素实际上也占相同的两个内存单元(整型数组每个元素占两字节)。例如,a[0] 和 b[0] 都占用 2000 和 2001 单元,当然,a[0] 等于 b[0]。依此类推,则有 a[i] 等于 b[i]。

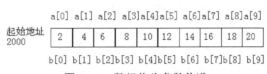

图 5-5 数组作为参数传递

【例 5-11】数组 a 中存放了一个学生 5 门课程的成绩,求平均成绩。

程序清单

```c
#include <stdio.h>
float aver(float a[5]){
    int i;
    float av,s = a[0];
    for(i = 1;i < 5;i ++)
        s = s + a[i];
    av = s/5;
    return av;
}
int main(void){
    float sco[5],av;
    int i;
```

```
    printf("\ninput 5 scores:\n");
    for(i=0;i<5;i++)
        scanf("%f",&sco[i]);
    av=aver(sco);
    printf("average score is %5.2f",av);
    return 0;
}
```

代码解析:

在例 5-11 中,首先定义了一个实型函数 aver,有一个形参为实型数组 a,长度为 5。在函数 aver 中,把各元素值相加求出平均值,返回给主函数。主函数 main 中首先完成数组 sco 的输入,然后以 sco 作为实参调用 aver 函数,函数返回值送 av,最后输出 av 值。从运行情况可以看出,程序实现了所要求的功能。

前面已经提到,在变量作函数参数时,所进行的值传送是单向的。即只能从实参传向形参,不能从形参传回实参。形参的初值和实参相同,而形参的值发生改变后,实参并不变化,两者的终值是不同的。当用数组名作函数参数时,情况则不同。由于实际上形参和实参为同一数组,因此,当形参数组发生变化时,实参数组也随之变化。当然,这种情况不能理解为发生了"双向"的值传递。但从实际情况来看,调用函数之后,实参数组的值将由于形参数组值的变化而变化。

【例 5-12】用数组名作函数参数。

程序清单

```
#include <stdio.h>
void nzp(int a[5]){
    int i;
    printf("\nvalues of array a are:\n");
    for(i=0;i<5;i++){
        if(a[i]<0) a[i]=0;
        printf("%d ",a[i]);
    }
}
int main(void){
    int b[5],i;
    printf("\ninput 5 numbers:\n");
    for(i=0;i<5;i++)
        scanf("%d",&b[i]);
    printf("initial values of array b are:\n");
    for(i=0;i<5;i++)
        printf("%d ",b[i]);
    nzp(b);
    printf("\nlast values of array b are:\n");
```

```
    for(i =0;i <5;i ++)
        printf("% d ",b[i]);
    return 0;
}
```

代码解析：

在例 5-12 程序中，函数 nzp 的形参为整型数组 a，长度为 5。主函数中实参数组 b 也为整型，长度也为 5。在主函数中，首先输入数组 b 的值，然后输出数组 b 的初始值。再以数组名 b 为实参调用 nzp 函数。在 nzp 中，按要求把负值单元清 0，并输出形参数组 a 的值。返回主函数之后，再次输出数组 b 的值。从运行结果可以看出，数组 b 的初值和终值是不同的，数组 b 的终值和数组 a 的是相同的。这说明实参形参为同一数组，它们的值同时得以改变。

> **注意**
>
> 用数组名作为函数参数时，还应注意以下几点：
> ①形参数组和实参数组的类型必须一致，否则将引起错误。
> ②形参数组和实参数组的长度可以不相同，因为在调用时，只传送首地址而不检查形参数组的长度。当形参数组的长度与实参数组不一致时，虽不至于出现语法错误（编译能通过），但程序执行结果将与实际不符，这应予以注意。
> ③在函数形参表中，允许不给出形参数组的长度，或用一个变量来表示数组元素的个数。
>   void nzp(int a[ ])
> 或写为
>   void nzp(int a[ ], int n)
> 其中形参数组 a 没有给出长度，而由 n 值动态地表示数组的长度。n 的值由主调函数的实参进行传递。
> ④多维数组也可以作为函数的参数。在定义函数时，对形参数组可以指定每一维的长度，也可省去第一维的长度。因此，以下写法都是合法的：
>   int MA(int a[3][10])
> 或
>   int MA(int a[ ][10])

【例 5-13】 把例 5-12 修改如下：

程序清单

```
#include <stdio.h>
void nzp(int a[8]){
    int i;
    printf("\nvalues of array aare:\n");
    for(i =0;i <8;i ++){
        if(a[i]<0)a[i] =0; printf("% d ",a[i]);
    }
```

```
}
int main(void){
    int b[5],i;
    printf("\ninput 5 numbers:\n");
for(i=0;i<5;i++)
scanf("%d",&b[i]);
    printf("initial values of array b are:\n");
for(i=0;i<5;i++)
printf("%d ",b[i]);
    nzp(b);
    printf("\nlast values of array b are:\n");
for(i=0;i<5;i++)
printf("%d ",b[i]);
    return 0;
}
```

代码解析:

例5-13与例5-13程序相比, nzp函数的形参数组长度改为8, 函数体中, for语句的循环条件也改为i<8。因此, 形参数组a和实参数组b的长度不一致。编译能够通过, 但从结果看, 数组a的元素a[5]、a[6]、a[7]显然是无意义的。

5.2.6 函数的嵌套调用

在C语言中,函数嵌套定义是不允许的,因此各函数之间是平行的,不存在上一级函数和下一级函数的问题。但是C语言允许在一个函数的定义中出现对另一个函数的调用,这样就出现了函数的嵌套调用。即在被调函数中又调用其他函数。这与其他语言的子程序嵌套的情形是类似的。其关系可表示为图5-6所示。

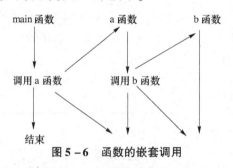

图5-6 函数的嵌套调用

图5-6中表示了两层嵌套的情形。其执行过程是:执行main函数中调用a函数的语句时,即转去执行a函数,在a函数中调用b函数时,又转去执行b函数,b函数执行完毕后,返回a函数的断点继续执行,a函数执行完毕后,返回main函数的断点继续执行。

【例5-14】 计算 s = 22! + 32!。

本例可编写两个函数:一个用来计算平方值的函数f1, 另一个用来计算阶乘值的函数f2。主函数先调f1计算出平方值,再在f1中以平方值为实参,调用f2计算其阶乘值,然后返回f1,再返回主函数,在循环程序中计算累加和。

程序清单

```c
#include <stdio.h>
long f1(int p){
    int k; long r;long f2(int);
    k = p*p; r = f2(k);
    return r;
}
long f2(int q){
    long c =1;int i;
    for(i =1;i <= q;i ++)  c = c * i;
    return c;
}
int main(void){
    int i;long s = 0;
    for (i =2;i <=3;i ++) s = s + f1(i);
    printf("\ns =% ld\n",s);
    return 0;
}
```

代码解析：

在程序中，函数 f1 和 f2 均为长整型，都在主函数之前定义，故不必再在主函数中对 f1 和 f2 加以说明。在主程序中，执行循环程序时，依次把 i 值作为实参调用函数 f1 来求 i2 值。在 f1 中又发生对函数 f2 的调用，这时把 i2 的值作为实参去调用 f2，在 f2 中完成求 i2！的计算。f2 执行完毕后，把 C 值（即 i2！）返回给 f1，再由 f1 返回主函数实现累加。至此，由函数的嵌套调用实现了题目的要求。由于数值很大，所以函数和一些变量的类型都声明为长整型，否则会造成计算错误。

5.2.7 函数的递归调用

一个函数在它的函数体内调用它自身称为递归调用，这种函数称为递归函数。执行递归函数将反复调用其自身，每调用一次就进入新的一层。

【例 5 –15】用递归计算 $n!$。阶乘 $n!$ 的计算公式如下：

$$n! = \begin{cases} 1 & (n=0,1) \\ n\times(n-1)! & (n>1) \end{cases}$$

程序清单

```c
long factorial(int n){
    long result;
    if(n = =0 ||n = =1){
        result = 1;
    }else{
        result = factorial(n -1) * n;  //递归调用
    }
    return result;
}
```

代码解析:

例 5-15 是一个典型的递归函数。调用 factorial 后即进入函数体,只有当 n==0 或 n==1 时函数才会执行结束,否则就一直调用它自身。由于每次调用的实参为 n-1,即把 n-1 的值赋给形参 n,所以每次递归实参的值都减 1,直到最后 n-1 的值为 1 时再做递归调用,形参 n 的值也为 1,递归就终止了,会逐层退出。

如求 5!,即调用 factorial(5)。当进入 factorial 函数体后,由于 n=5,不等于 0 或 1,所以执行 result = factorial(n-1) * n;,即 result = factorial(5-1) * 5;,接下来也就是调用 factorial(4)。这是第一次递归。进行 4 次递归调用后,实参的值为 1,也就是调用 factorial(1)。这时递归就结束了,开始逐层返回。factorial(1) 的值为 1,factorial(2) 的值为 1*2 = 2,factorial(3) 的值为 2*3 = 6,factorial(4) 的值为 6*4 = 24,最后返回值 factorial(5) 为 24*5 = 120。

> **注意**
>
> 为了防止递归调用无终止地进行,必须在函数内有终止递归调用的手段。常用的办法是加条件判断,满足某种条件后就不再做递归调用,然后逐层返回。

递归调用不但难以理解,而且开销很大,如非必要,不推荐使用递归。很多递归调用可以用迭代(循环)来代替。

【例 5-16】 用迭代法求 n!。

程序清单

```c
long factorial(int n){
    int i;
    long result =1;
    if(n= =0 ||n= =1){
        return 1;
    }
    for(i =1; i< =n; i++){
        result * = i;
    }
    return result;
}
```

5.3 局部变量与全局变量

变量按属性进行区分,可以分为位置属性和存储属性。变量的位置属性可以决定变量的作用域,即决定变量的有效范围。根据变量的放置位置,变量可以分为局部变量和全局变量。以函数为例进行说明,在函数中,按位置,变量分为内部变量和外部变量。变量的存储属性决定了变量的数据类型和生成周期,局部变量的存储方式分为自动方式 auto、静态方式 static 及寄存器方式 register 三种。

5.3.1 局部变量

定义在函数内部的变量称为局部变量（Local Variable），它的作用域仅限于函数内部，离开该函数后就是无效的，再使用就会报错。

【例 5-17】局部变量。

程序清单

```
int f1(int a){
    int b,c;   //a,b,c 仅在函数 f1()内有效
    return a + b + c;
}
int main(){
    int m,n;   //m,n 仅在函数 main()内有效
    return 0;
}
```

> **局部变量说明**
>
> （1）在 main 函数中定义的变量也是局部变量，只能在 main 函数中使用；同时，main 函数中也不能使用其他函数中定义的变量。main 函数也是一个函数，与其他函数地位平等。
> （2）形参变量、在函数体内定义的变量都是局部变量。实参给形参传值的过程也就是给局部变量赋值的过程。
> （3）可以在不同的函数中使用相同的变量名，它们表示不同的数据，分配不同的内存，互不干扰，也不会发生混淆。
> （4）在语句块中也可定义变量，它的作用域只限于当前语句块。

5.3.2 全局变量

在所有函数外部定义的变量称为全局变量（Global Variable），它的作用域默认是整个程序，也就是所有的源文件，包括 .c 和 .h 文件。

【例 5-18】全局变量。

程序清单

```
iint a,b;   //全局变量
void func1(){ }
float x,y;  //全局变量
int func2(){ }
int main(){
    return 0;
}
```

代码解析：

a、b、x、y 都是在函数外部定义的全局变量。C 语言代码是从前往后依次执行的，由于 x、y 定义在函数 func1( ) 之后，所以在 func1( ) 内无效；而 a、b 定义在源程序的开头，所以在 func1( )、func2( ) 和 main( ) 内都有效。

【例 5 – 19】 根据长方体的长、宽、高求它的体积及三个面的面积。

程序清单

```c
#include <stdio.h>
int s1, s2, s3;   //面积
int vs(int a, int b, int c){
    int v;   //体积
    v = a * b * c;
    s1 = a * b;
    s2 = b * c;
    s3 = a * c;
    return v;
}
int main(){
    int v, length, width, height;
    printf("Input length, width and height: ");
    scanf("%d%d%d", &length, &width, &height);
    v = vs(length, width, height);
    printf("v=%d, s1=%d, s2=%d, s3=%d\n", v, s1, s2, s3);
    return 0;
}
```

运行结果：

```
Input length, width and height: 10 20 30
v=6000, s1=200, s2=600, s3=300
```

代码解析：

由题意，借助一个函数得到三个值：体积 v 以及三个面的面积 s1、s2、s3。遗憾的是，C 语言中的函数只能有一个返回值，只能将其中的一份数据，也就是体积 v 放到返回值中，而将面积 s1、s2、s3 设置为全局变量。全局变量的作用域是整个程序，在函数 vs( ) 中修改 s1、s2、s3 的值，能够影响到包括 main( ) 在内的其他函数。

5.3.3　全局变量、静态变量、局部变量的区别

1. 从作用域来看

（1）全局变量具有全局作用域。全局变量只需在一个源文件中定义，就可以作用于所有的源文件。当然，其他不包含全局变量定义的源文件需要用 extern 关键字再次声明这个全局变量。

（2）静态局部变量具有局部作用域，它只被初始化一次，从第一次被初始化直到程序

运行结束，都一直存在。它和全局变量的区别在于全局变量对所有的函数都是可见的，而静态局部变量只对定义自己的函数体始终可见。

（3）局部变量也只有局部作用域，它是自动对象（auto），它在程序运行期间不是一直存在的，而是只在函数执行期间存在，函数的一次调用执行结束后，变量被撤销，其所占用的内存也被收回。

（4）静态全局变量也具有全局作用域，它与全局变量的区别在于如果程序包含多个文件，它作用于定义它的文件里，不能作用到其他文件里，即被 static 关键字修饰过的变量具有文件作用域。这样即使两个不同的源文件都定义了相同名字的静态全局变量，它们也是不同的变量。

2. 从分配内存空间看

（1）全局变量、静态局部变量、静态全局变量都在静态存储区分配空间，而局部变量在栈里分配空间。

（2）全局变量本身就是静态存储方式，静态全局变量当然也是静态存储方式。这两者在存储方式上并无不同。这两者的区别在于非静态全局变量的作用域是整个源程序，但当一个源程序由多个源文件组成时，非静态的全局变量在各个源文件中都是有效的。而静态全局变量则限制了其作用域，即只在定义该变量的源文件内有效，在同一源程序的其他源文件中不能使用它。由于静态全局变量的作用域局限于一个源文件内，只能为该源文件内的函数公用，因此可以避免在其他源文件中引起错误。

（3）静态变量会被放在程序的静态数据存储区（全局可见）中，这样可以在下一次调用时还保持原来的赋值。这一点是它与堆栈变量和堆变量的区别。

（4）变量用 static 告知编译器，自己仅仅在变量的作用范围内可见。这一点是它与全局变量的区别。

从以上分析可以看出，把局部变量改变为静态变量，是改变了它的存储方式，即改变了它的生存期。把全局变量改变为静态变量，是改变了它的作用域，限制了它的使用范围。因此，static 这个说明符在不同的地方所起的作用是不同的。

5.4 编译预处理

C 程序的源代码中可包括各种编译指令，这些指令称为预处理命令。虽然它们实际上不是 C 语言的一部分，但却扩展了 C 程序设计的环境。本节将介绍如何应用预处理程序和注释简化程序开发过程，并提高程序的可读性。ANSI 标准定义的 C 语言预处理程序包括下列命令：#define、#error、#include、#if、#else、#elif、#endif、#ifdef、#ifndef、#undef、#line、#pragma 等。非常明显，所有预处理命令均以符号#开头，下面分别加以介绍。

5.4.1 宏定义#define

宏定义是 C 提供的三种预处理功能中的一种，这三种预处理包括：宏定义、文件包含、条件编译。合理地使用预处理功能编写的程序便于阅读、修改、移植和调试，也有利于模块化程序设计。宏定义又称为宏代换、宏替换，简称"宏"。

宏定义：在 C 语言源程序中，允许用一个标识符来表示一个字符串，称为"宏"。被定义为"宏"的标识符称为"宏名"。在编译预处理时，对程序中所有出现的"宏名"，都用宏定义中的字符串去代换，这称为"宏代换"或"宏展开"。

宏定义是由源程序中的宏定义命令完成的。宏代换是由预处理程序自动完成的。在 C 语言中，"宏"分为有参数和无参数两种。无参宏的宏名后不带参数。其定义的一般形式为：

```
#define 标识符 字符串;
```

其中的"#"表示这是一条预处理命令。凡是以"#"开头的均为预处理命令。"define"为宏定义命令，"标识符"为所定义的宏名，"字符串"可以是常数、表达式、格式串等。此外，常对程序中反复使用的表达式进行宏定义。例如，# define M(y*y+3*y) 定义 M 表达式为（y*y+3*y）。在编写源程序时，所有的（y*y+3*y）都可由 M 代替，而对源程序做编译时，将先由预处理程序进行宏代换，即用（y*y+3*y）表达式去置换所有的宏名 M，然后再进行编译。

宏定义说明

（1）宏定义是用宏名来表示一个字符串，在宏展开时，又以该字符串取代宏名，这只是一种简单的代换。字符串中可以含任何字符，可以是常数，也可以是表达式。预处理程序对它不做任何检查。如有错误，只能在编译已被宏展开的源程序时发现。

（2）宏定义不是说明或语句，在行末不必加分号，如加上分号，则连分号一起置换。

（3）宏定义必须写在函数之外，其作用域为宏定义命令起到源程序结束。如要终止其作用域，可使用# undef 命令。

（4）宏名在源程序中若用引号括起来，则预处理程序不对其做宏代换。

（5）宏定义允许嵌套，在宏定义的字符串中可以使用已经定义的宏名。在宏展开时，由预处理程序层层代换。

（6）习惯上宏名用大写字母表示，以便于与变量区别。但也允许用小写字母。

（7）可用宏定义表示数据类型，使书写方便。

（8）对"输出格式"作宏定义，可以减少书写麻烦。

如：

```
# define PI 3.14159
main()
{
...
}
# undef PI 的作用域
f1()
```

代码解析：

表示 PI 只在 main 函数中有效，在 f1 中无效。

5.4.2 文件包含#include

包含#include 命令，#include 使编译程序将另一源文件嵌入带有#include 的源文件，被读入的源文件必须用双引号或尖括号括起来。

文件包含是 C 预处理程序的另一个重要功能。文件包含命令行的一般形式为：

```
#include"文件名";
```

如：

```
#include"stdio.h"或者#include
```

行代码均使用 C 编译程序读入，并编译用于处理磁盘文件库的子程序。

文件嵌入#include 命令中的文件内是可行的，这种方式称为嵌套的嵌入文件，嵌套层依赖于具体实现。如果显式路径名为文件标识符的一部分，则仅在那些子目录中搜索被嵌入文件。如果文件名用双引号括起来，则首先检索当前工作目录。如果未发现文件，则在命令行中说明的所有目录中搜索。如果仍未发现文件，则搜索实现时定义的标准目录。如果没有显式路径名且文件名被尖括号括起来，则首先在编译命令行中的目录内检索。如果文件没找到，则检索标准目录，不检索当前工作目录。

> **文件包含命令说明**
>
> （1）包含命令中的文件名可以用双引号括起来，也可以用尖括号括起来。例如以下写法都是允许的：#include" stdio. h" ,#include < math. h >，但是这两种形式是有区别的：使用尖括号表示在包含文件目录中查找（包含目录是由用户在设置环境时设置的），而不在源文件目录中查找；使用双引号则表示首先在当前的源文件目录中查找，若未找到，才到包含目录中去查找。用户编程时，可根据自己文件所在的目录来选择某一种命令形式。
>
> （2）一个 include 命令只能指定一个被包含文件，若有多个文件要包含，则需用多个 include 命令。
>
> （3）文件包含允许嵌套，即在一个被包含的文件中还可以包含另一个文件。

5.4.3 条件编译

预处理程序提供了条件编译的功能。可以按不同的条件去编译不同的程序部分，这对于程序产生不同的目标代码文件序的移植和调试是很有用的。条件编译有三种形式，下面分别介绍：

1. 第一种形式

```
#ifdef 标识符
程序段 1
#else
程序段 2
#endif
```

它的功能是，如果标识符已被 #define 命令定义过，则对程序段 1 进行编译；否则对程序段 2 进行编译。如果没有程序段 2（它为空），本格式中的 #else 可以没有，即可以写为：

【例 5-21】条件编译示例。

程序清单

```
#ifdef 标识符
程序段 #endif
#define NUM ok
main(){
struct stu
{
  int num;
  char *name;
  char sex;
  float score;
} *ps;
ps=(struct stu *)malloc(sizeof(struct stu));
ps->num=102;
ps->name="Zhang ping";
ps->sex='M';
ps->score=62.5;
#ifdef NUM    //条件编译
printf("Number=%d\nScore=%f\n",ps->num,ps->score);
#else
printf("Name=%s\nSex=%c\n",ps->name,ps->sex);
#endif
free(ps);
}
```

代码解析：

在程序的第 16 行插入了条件编译预处理命令，因此要根据 NUM 是否被定义过来决定编译哪一个 printf 语句。而在程序的第一行已对 NUM 作过宏定义，因此应对第一个 printf 语句作编译，故运行结果是输出了学号和成绩。在程序的第一行宏定义中，定义 NUM 表示字符串 OK，其实也可以为任何字符串，甚至不给出任何字符串，写为 #define NUM 也具有同样的意义。

2. 第二种形式

```
#ifndef 标识符
程序段 1
#else
程序段 2
#endif
```

与第一种形式的区别是将"ifdef"改为"ifndef"。它的功能是，如果标识符未被#define 命令定义过，则对程序段 1 进行编译，否则对程序段 2 进行编译。这与第一种形式的功能相反。

3. 第三种形式

```
#if 常量表达式
程序段 1
#else
程序段 2
#endif
```

它的功能是，如常量表达式的值为真（非 0），则对程序段 1 进行编译，否则对程序段 2 进行编译。

【例 5-20】条件编译示例。

程序清单

```
#define R 1
main()｛
    float c,r,s;
    printf("input a number: ");
    scanf("% f",&c);
    #if R
    r = 3.14159 * c * c;
    printf("area of round is: % f\n",r);
    #else
    s = c * c;
    printf("area of square is: % f\n",s);
    #endif
｝
```

代码解析：

本例中采用了第三种形式的条件编译。在程序第一行宏定义中，定义 R 为 1，因此，在条件编译时，常量表达式的值为真，故计算并输出圆面积。在本例中，条件编译当然也可以用条件语句来实现，但是用条件语句将会对整个源程序进行编译，生成的目标代码程序很长，而采用条件编译，则根据条件只编译其中的程序段 1 或程序段 2，生成的目标程序较短。如果条件选择的程序段很长，采用条件编译的方法是十分必要的。

5.5 本章小结

函数是 C 语言程序中最主要的结构，使用它可以遵循"自顶向下，逐步求精"的结构化程序设计思想，把一个大的问题分解成若干个易解决的问题，由这些彼此相互独立、相互平行的函数构成了 C 语言程序，从而实现了对复杂问题的描述和编程。

C 语言中的函数和变量一样具有存储类型和数据类型的描述，定义时有规定的形式，不能嵌套。调用时，程序控制从调用函数转移到被调用函数，被调用函数执行完毕，或遇到被调用函数中的 return 语句，程序控制就返回到调用函数中原来的断点位置继续执行。C 语言程序中函数间的数据传递方式有两种，即值传递方式和地址传递方式。值传递方式不会影响调用函数中实参的值，因为调用函数中的实参和被调用函数中的形参占用不同的内存单元；而在地址传递方式中，实参和形参都对应着相同的存储空间，所以在被调用函数中对该存储空间的值做出某种变动后，必然会影响到使用该空间的调用函数中变量的值。除此之外，利用全局变量也可以实现函数间的数据传递。

C 语言程序在被调用函数的执行过程中，又可以调用其他函数，称为函数的嵌套调用。函数也可以调用它自身，称为递归调用。递归通常包含一个易求解的特殊情况及解决问题的一般情况，这样才能保证递归调用一定能终止。递归程序的执行通常要花较多的机器时间和占用较大的存储空间，但程序精练、简洁，可能更受欢迎。

C 语言对一个数据的定义需要指定两种属性：数据类型和存储类别。按其作用域又可分为全局变量和局部变量。

5.6 习　　题

一、程序题

1. 返回求 x 和 y 平方和的函数。

```
Sum_of_sq(x,y)
{
    double x,y;
    return(x*x+y*y);
}
```

2. 返回求 x 和 y 为直角边的三角形的斜边的函数。

```
hypot(double x,y)
{
    h=sqrt(x*x+y*y);
    return(h);
}
```

3. 函数 itoa 的功能是_____。

```
itoa(int a,char s[])
{
    static int i=0,j=0;
    int c;
    if(n!=0)
    {
        j++;
        c=n%10+'0';
        itoa(n/10,s);
```

```
            s[i++] = c;
        }
        else
        {
            if(j = =0) s[j++] = '0';
            s[j++] = '\0';
            i = j = 0;
        }
    }
```

4. 函数 htod 的功能是_____。

```
int htod(char hex[])
{
    int i,dec = 0;
    for(i = 0;hex[i]! = '\0';i++)
    {
        if(hex[i] > = '0' && hex[i] < = '9')
            dec = dec * 16 + hex[i] - '0';
        if(hex[i] > = 'A' && hex[i] < = 'F')
            dec = dec * 16 + hex[i] - 'A' + 10;
        if(hex[i] > = 'a' && hex[i] < = 'f')
            dec = dec * 16 + hex[i] - 'a' + 10;
    }
}
```

5. 函数 dtod 的功能是_____。

```
void stod(int n)
{
    int i;
    if(n < 0)
    {
        putchar('-');
        n = -n;
    }
    if(i = n/10! = 0)
        stod(i);
    putchar(n% 10 + '0');
}
```

二、编程题

1. 键盘输入 x 的值（要求为实型），根据下列公式计算并输出 x 和 y 的值。

$$y = \begin{cases} x & x < 2 \\ x^2 + 1 & 2 \leq x < 6 \\ \sqrt{x+1} & 6 \leq x < 10 \\ \dfrac{1}{x+1} & x \geq 10 \end{cases}$$

2. 设有两个一维数组 a[100]，b[100]，试编写程序分别将它们按升序排序，再将 a，b 两个数组合并存入 c 数组中，使得 c 数组也按升序排序。若 a，b 有相等的元素，则把 a 数组的相等元素优先存入 c 数组中（其中 c 数组为 c[200]）。

3. 分别编写求圆面积和圆周长的函数，再编写一个主函数调用，要求主函数能输入多少个圆半径，且显示相应的圆的周长和面积。

4. 编写一个将两个字符串链接起来的函数（即实现 strcat 函数的功能），两个字符串由主函数输入，链接后的字符串也由主函数输出。

5. 编写一个计算 x 和 y 的次幂的递归函数，x 为 double 类型，y 为 int 类型，函数返回值为 double 类型，函数中使用下面的格式：

```
power(x,0) = 1.0;
power(x,y) = power(x,y-1)*x;
```

要求从主程序输入浮点数，调用这个递归函数，求其整数次幂。

6. 编写一函数实现 strlen 函数功能的函数，并使用主函数调用。

7. 编写一个将英文字符串中所有字的首字符变成相应的大写字符的函数，并使用主函数调用。

8. 编写一个实现将十六进制数转换为十进制的函数，并使用主函数调用。

9. 小明从 2006 年 1 月 1 日开始，每三天结识一个美女、两天结识一个帅哥，编程实现当输入 2006 年 1 月 1 日之后的任意一天，输出小明那天是结识美女还是帅哥。

10. 输入 10 个学生的 3 门课程的成绩，分别用函数求：

（1）每个学生的平均成绩；

（2）每门课的平均分；

（3）按学生的平均分降序排列输出学生的信息；

（4）统计不及格学生，输出其相应的信息；

（5）编写一菜单主函数，菜单内容包括以上 4 部分。

第 6 章

相同数据类型集合

 学习目标

- 了解数组的概念
- 熟练掌握一维数组的定义、使用
- 熟练掌握二维数组的定义、使用
- 熟练掌握字符数组与字符串的使用
- 熟练掌握数组作函数参数的使用

本章重点
- 一维数组、二维数组、字符数组的定义及使用
- 数组作函数参数的实参、形参的正确使用

本章难点
- 数组在内存中的存储
- 多维数组的应用

日常工作中,经常需要使用大量数据,C 语言中使用数组来处理此类问题。有了数组以后,就可以用它来描述生活中具有前后关系的数据了,并且从数组的结构上表示数据间的前后关系。例如,ken 经理需要处理 100 个员工的信息,只需定义一个 double score[100] 数组就可以了。

在程序设计中,为了处理方便,把具有相同类型的若干变量按序组织起来。这些按序排列的同类数据元素的集合称为数组。在 C 语言中,数组属于构造数据类型。一个数组可以分解为多个数组元素,这些数组元素可以是基本数据类型或是构造类型。因此,按数组元素的类型不同,数组又可分为数值数组、字符数组、指针数组、结构数组等。本章介绍数值数组和字符数组,其余的将在以后章节中介绍。

6.1 数组与数组元素的概念

数组是用一个名字表示一组相同类型的数据集合,这个名字就称为数组名。数组中的数据分别存储在用下标区分的变量中,这些变量称为下标变量或数组元素。

例如：

int a[10];声明整型数组 a，有 10 个元素。

float b[10],c[20];声明实型数组 b，有 10 个元素，实型数组 c，有 20 个元素。

char ch[20];声明字符数组 ch，有 20 个元素。

数组属于构造类型。除数组外，结构体类型、共同体类型也属于构造类型。构造类型的数据是由基本类型数据按一定规则构成的。

C 语言中使用的数组包括一维数组和多维数组。本章重点介绍一维数组和二维数组的概念和应用。

> **注意**
>
> 在 C 语言中，数组具有以下几个特点：
> (1) 数组元素的个数必须在定义时确定，在程序中不可改变。
> (2) 在同一数组中，数组元素的类型是相同的。
> (3) 数组元素的作用相当于简单变量。
> (4) 同一个数组中的数组元素在内存中占据的地址空间是连续的。

6.2 一维数组

6.2.1 一维数组的定义

与简单变量相似，数组也必须先声明，然后才能使用。一维数组的一般定义方式如下：

```
类型说明符  数组名[常量表达式];
```

例如：

```
int  a[5];//声明数组 a,它有 5 个整型元素
float  b[10],c[20];//声明数组 b 和 c,它们分别有 10 个和 20 个浮点型元素
```

> **说明**
>
> (1) 数组名的命名规则和变量名的相同，遵循标识符命名规则。
> (2) 数组名后的常量表达式用方括号 [ ] 括起来，不能用圆括号 ( )。
> (3) 常量表达式表示元素的个数，即数组长度。
> (4) 常量表达式中可以包括普通常量和符号常量，不能包含变量。
> (5) 下标从 0 开始。

【例 6 - 1】查看数组 nArray[10] 的内存占用情况。

【问题分析】通过不同的输出方式，能够看到数组名（nArray）和 & 数组元素(&nArray[0])等表示的含义。数组名 nArray 表示数组的首地址，与数组 nArray [0] 的地址相同。不同的数组类型在内存中占有的字节数不同。

程序清单

```
/*一维数组的定义*/
#include <stdio.h>
void main()
{
    //定义一维数组
    int nArray[10];
    printf("nArray 的地址是% d\n",nArray);
    printf("nArray[0]的地址是% d\n",&nArray[0]);
    printf("nArray[1]的地址是% d\n",&nArray[1]);
    printf("nArray[2]的地址是% d\n",&nArray[2]);
    printf("nArray[3]的地址是% d\n",&nArray[3]);
}
```

运行结果如图 6-1 所示。

```
nArray的地址是1638176
nArray[0]的地址是1638176
nArray[1]的地址是1638180
nArray[2]的地址是1638184
nArray[3]的地址是1638188
Press any key to continue
```

图 6-1 查看一维数组内存地址

> **说明**
>
> 从结果中可以看出：
>
> （1）当输出数组名时，实际上输出的是一个地址，这个地址与数组第一个元素的地址相同。
>
> （2）&nArray[1]~&nArray[0]=4，表示数组元素 nArray[0]占用了 4 个字节。数组元素占用内存数与其数据类型有关，若数组 nArray 是 char，则 nArray[0]占用的字节数将为 1。

6.2.2 一维数组的初始化

给数组赋值的方法除了用赋值语句对数组元素逐个赋值外，还可采用初始化赋值和动态赋值的方法。

数组初始化赋值是指在数组定义时给数组元素赋初值。数组初始化是在编译阶段进行的，这样将减少运行时间，提高效率。

初始化赋值的一般形式为：

类型说明符 数组名[常量表达式] = {值,值..值};

其中，在{}中的各数据值即为各元素的初值，各值之间用逗号间隔。

如：

```
int a[10] = {0,1,2,3,4,5,6,7,8,9};
```

> **说明**
>
> C 语言对数组的初始化赋值还有以下几点规定：
> （1）可以只给部分元素赋初值。当 { } 中值的个数少于元素个数时，只给前面部分元素赋值。如：int a[10] = {0,1,2,3};。
> （2）只能给元素逐个赋值，不能给数组整体赋值。如：a[10] = {0,1,2,1,2,3,4,5,5,3};，而不能写为：int a[10] = 1;。
> 如给全部元素赋值，则在数组说明中，可以不给出数组元素的个数。如：int a[ ] = {1,2,3,4,5};。

【例 6 - 2】按逆序输出 0 ~ 9 这 10 个数字。

程序清单

```
/*一维数组初始化*/
#include <stdio.h>
void main()
{
    int i,a[10] = {0,1,2,3,4,5,6,7,8,9};
    //循环输出数组元素
    for(i = 9;i > =0;i - -)
    printf("% d ",a[i]);
    printf("\n");
}
```

运行结果如图 6 - 2 所示。

```
9 8 7 6 5 4 3 2 1 0
Press any key to continue
```

图 6 - 2　按逆序输出

6.2.3　一维数组的引用

数组元素是组成数组的基本单元。数组元素也是一种变量，其标识方法为数组名后跟一个下标。下标表示了元素在数组中的顺序号。

数组元素的一般形式为：

数组名[下标]

其中，下标可以是整型常量、整型变量或整型表达式。
如：

```
a[0] = a[5] + a[7] - a[2*3];
```

数组元素通常也称为下标变量。必须先定义数组，才能使用下标变量。在 C 语言中只能逐个地使用下标变量，而不能一次引用整个数组。

如，输出 0~9 这 10 个元素：

```
for(I = 0;i<10;i++)
    printf("%d",a[i]);
```

注意

定义数组时用到的"数组名 [常量表达式]"和引用数组元素时用到的"数组名 [下标]"是有区别的。

【例 6-3】求数组 nArray[10]中各元素的和。

程序清单

```
/*求数组中各元素的和*/
#include <stdio.h>
void main()
{
    int i,nArray[10],nSum = 0;
    printf("请输入10个整数:\n");
    //给数组的每一个元素赋值
    for(i = 0;i<10;i++)
        scanf("%d",&nArray[i]);
    //求数组元素值的和
    for(i = 0;i<10;i++)
        nSum + = nArray[i];
    //输出和的值
    printf("nSum is %d\n",nSum);
}
```

运行结果如图 6-3 所示。

图 6-3 求数组中各元素的和

说明

(1) 数组元素和普通的基本型变量一样，可出现在任何合法的 C 语言表达式中，也可作为函数参数使用。

(2) C 语言规定数组不能整体引用，每次只能引用数组的一个元素。例如，不能用赋值表达式语句对数组元素进行整体赋值，因为在 C 语言中，数组名具有特殊的含义，它代表数组的首地址。

(3) 由于 C 语言不对数组进行边界检查，因此，要求编程者自己进行必要的边界检查，保证有足够的长度容纳数据。

6.2.4 一维数组的应用

排序是数据处理中最常用的算法,下面用一维数组实现对数据的冒泡排序。

【例 6-4】 使用冒泡法对 10 个数从低到高进行排序。

【问题分析】 冒泡法排序的思路是:每次比较相邻的两个数,把大的数交换到后面,如图 6-4 所示。假如有 5 个数,依次为 4、7、3、0、1,需要进行排序,第一次对 4 和 7 进行比较,因为后者比前者大,保持不变;再对 7 和 3 进行比较,后者比前者小,把 7 和 3 交换位置;然后对 7 和 0 进行比较,同样交换两者位置;最后把 7 和 1 进行比较,交换位置,第一趟比较结束。在第一趟比较结束后,把最大的一个数 7 交换到了末尾;第二趟只需要对剩下的 4 个数 4、3、0、1 进行比较,同样把 4 交换到末尾;……直到最后两个数据 0 和 1 进行比较,总共需要比较 4 趟。

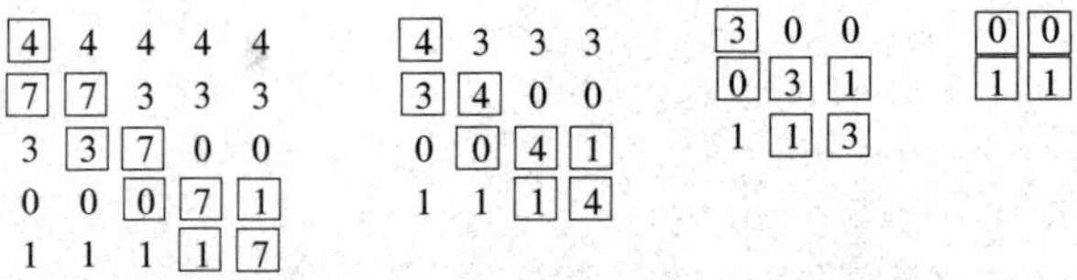

图 6-4 冒泡排序示意图

程序清单

```c
/*冒泡法排序*/
#include <stdio.h>
void main()
{
    int grade[5];
    int i,j,k;
    printf("Please input grade:\n");
    for(i=0;i<5;i++)
        scanf("%d",&grade[i]);
    for(i=0;i<4;i++)
        for(j=0;j<4;j++)
            if(grade[j]>grade[j+1])
            {
                k = grade[j];
                grade[j] = grade[j+1];
                grade[j+1] = k;
            }
    printf("The grades after sorted are:\n");
    for(i=0;i<5;i++)
        printf("%4d",grade[i]);
    printf("\n");
}
```

运行结果如图 6-5 所示。

图 6-5 冒泡排序结果图

【例 6-5】编写程序，每名学生有 4 门课的考试成绩，计算每个学生的平均成绩。

【问题分析】由于该例题只要求计算平均成绩，因此可以用 4 个整型数组存放数学、物理、英语和计算机的成绩，用一个实型数组存放每个学生的平均成绩。程序可按如下步骤实现：

（1）输入数据，把数学、物理、英语、计算机成绩分别存放在数组 nMath、nPhysics、nEnglish、nComputer 中。

（2）计算平均成绩，将结果放在 dAverage 数组中。

（3）输出结果。

程序实现的流程图如图 6-6 所示。

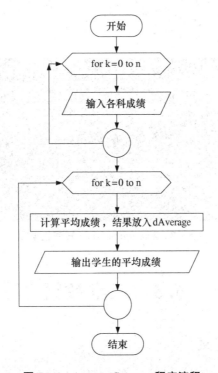

图 6-6 AverageScore.c 程序流程

程序清单

```
/*用一维数组实现计算每个学生的平均成绩*/
#include <stdio.h>
#define N 8
```

```c
void main()
{
    int nMath[N],nPhysics[N],nEnglish[N],nComputer[N];
    double dAverage[N];
    int k =1;
    for(;k <N;k ++)
    {
        printf("input math[% d] physics[% d] english[% d] computer[% d]:",k,k,k,k);
        scanf("% d% d% d% d",&nMath[k],&nPhysics[k],&nEnglish[k],&nComputer[k]);
    }
    for(k =1;k <N;k ++)
    {
        dAverage[k] =(nMath[k] +nPhysics[k] +nEnglish[k] +nComputer[k])/4.0;
        printf("1491105% d 的平均成绩是 % 5.1f\n",k,dAverage[k]);
    }
}
```

运行结果如图 6 –7 所示。

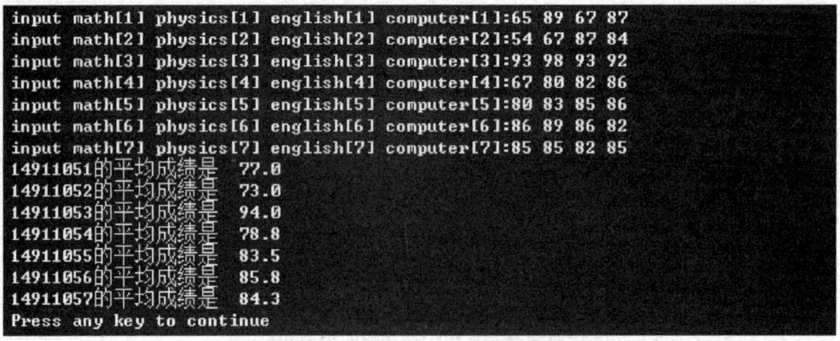

图 6 –7 AverageScore. c 程序结果图

6.3 二维数组

6.3.1 二维数组的定义

前面介绍的数组只有一个下标，称为一维数组，其数组元素也称为单下标变量。在实际问题中，有很多量是二维的或多维的，因此 C 语言允许构造多维数组。多维数组元素有多个下标，以标识它在数组中的位置，所以也称为多下标变量。本节只介绍二维数组。

二维数组定义的一般形式如下：

类型说明符 数组名[常量表达式1][常量表达式2]

其中常量表达式 1 表示第一维下标的长度，常量表达式 2 表示第二维下标的长度。
如：

```
int a[3][4];
```

说明了一个三行四列的数组，数组名为 a，其下标变量的类型为整型。该数组的下标变量共有 3×4 个，即

```
a[0][0],a[0][1],a[0][2],a[0][3]
a[1][0],a[1][1],a[1][2],a[1][3]
a[2][0],a[2][1],a[2][2],a[2][3]
```

二维数组在概念上是二维的，其下标在行与列两个方向上变化，下标在数组中的位置处于一个矩阵之中，而不像一维数组只是一个向量。而实际上，存储器却是连续编址的，也就是说，存储器单元是按一维线性排列的。在 C 语言中，二维数组是按行方向存放在一维存储器中的，a[0] 可以看作由数组元素 a[0][0]、a[0][1]、a[0][2] 构成的一维数组名，a[1] 可以看作由数组元素 a[1][0]、a[1][1]、a[1][2] 构成的一维数组名，如图 6-8 所示。

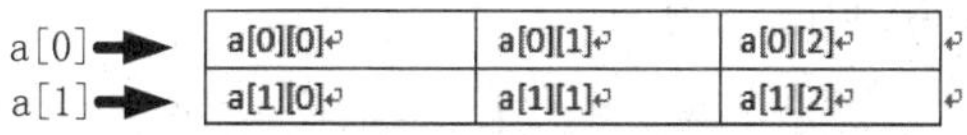

图 6-8　二维数组看作一维数组示意图

在 C 语言中，二维数组在内存中占用连续的内存空间，数组元素是按行排列的。即先存放 a[0] 行，再存放 a[1] 行，最后存放 a[2] 行。每行中的 4 个元素也是依次存放。假如系统为数组 a 分配的起始单元地址为 2000，int 占 4 个字节，则数组 a 在内存中的映像见表 6-1。

表 6-1　数组 a 在内存中的映像

数组单元		地址
a[0]	a[0][0]	2000
	a[0][1]	2004
	a[0][2]	2008
	a[0][3]	2012
a[1]	a[1][0]	2016
	a[1][1]	2020
	a[1][2]	2024
	a[1][3]	2028
a[2]	a[2][0]	2032
	a[2][1]	2036
	a[2][2]	2040
	a[2][3]	2044

6.3.2 二维数组的初始化

二维数组初始化和一维数组初始化相似,也是在类型说明时给各下标变量赋以初值。二维数组的初始化的方式有以下几种:

(1) 所赋初值个数与数组元素的个数相同时,可以在定义二维数组的同时给二维数组的各元素赋初值。全部初值括在一对花括号中,每一行的初值又分别括在一对花括号中,之间用逗号隔开。例如:

```
int a[3][4]={{1,2,3,4},{5,6,7,8},{9,10,11,12}};
```

(2) 所赋初值个数少于数组元素的个数时,可以在定义二维数组的同时给需要赋值的元素赋值,系统将自动给其余的元素赋初值0。例如:

```
int a[3][4]={{1,2},{5,6},{9,10,11}};
```

(3) 所赋初值行数少于数组行数时,即当赋值语句中花括号个数少于数组的行数时,系统自动给后面各行的元素赋初值。例如:

```
int a[3][4]={{1,2},{5,6}};
```

(4) 赋初值时省略行花括号,按行连续赋初值。可以将所有数据写在一对花括号内,按数组排列的顺序对各元素赋初值。例如:

```
int a[3][4]={1,2,3,4,5,6,7,8,9,10,11,12};
```

> **注意**
>
> (1) 如果对全部元素都赋初值,则可以在初始化时省略第一维的长度,但是第二维的长度不能省。如:
>
> ```
> int a[ ][4]={{1,2,3,4},{5,6,7,8},{9,10,11,12}};
> int a[ ][4]={1,2,3,4,5,6,7,8,9,10,11,12};
> ```
>
> (2) 对部分元素赋初值时,也可以省略第一维的长度,但应分行赋值。如:
>
> ```
> int a[ ][4]={{1,2},{5,6},{9,10,11}};
> ```

6.3.3 二维数组元素的引用

二维数组的元素又称为双下标变量,其引用的形式为:

```
数组名[下标1][下标2]
```

其中,下标是从0开始的,应为整型常量、整型变量或整型表达式。例如:a[2][4],表示数组a第3行、第5列的元素。

二维数组的引用和一维数组的相似,只能对单个元素进行引用,而不能用单行语句对整个数组全体元素一次性地进行引用。

如:

```
int i,j,a[3][4];
a[0][1] =1;
a[1][0] =2;
a[i][j+1] =a[i][j-1] +a[i][j-1];
```

> **注意**
>
> (1) 数组元素和数组说明在形式上有些相似,但这两者具有完全不同的含义。数组说明的方括号中给出的是某一维的长度,而数组元素中的下标是该元素在数组中的位置标识。
>
> (2) 数组说明时,方括号内只能是常量表达式,而引用数组元素时,下标可以是整型的常量、常量表达式、变量及变量表达式等。
>
> (3) 在引用二维数组元素时,应该防止下标值越界。二维数组的行下标与列下标都是从 0 开始的。

6.3.4 二维数组的应用

【例 6-6】求矩阵 A 的转置。

$$A = \begin{bmatrix} 1 & 2 & 3 \\ 4 & 5 & 6 \\ 7 & 8 & 9 \end{bmatrix}$$

【问题分析】将矩阵进行转置,就是将已知矩阵的行列元素进行互换,得到的矩阵成为原矩阵的转置矩阵。矩阵在程序中可以使用二维数组来表示,则矩阵的行、列数分别是数组的行下标和列下标。这样,就能实现矩阵元素与数组元素的一一对应。定义两个数组 a 和 b,都是 3 行 3 列的,a 数组的行变成 b 数组的列,那么就存在 b[j][i] ==a[i][j]的关系,这样通过两重循环将 a[i][j]的值赋给 b[j][i]即可。为了简化程序,可以在读入数组 a 中元素的同时,将其赋给数组 b 中的相应元素。

程序清单

```
/*矩阵倒置*/
#include <stdio.h>
#include <stdlib.h>
void main()
{
int a[3][3] ={{1,2,3},{4,5,6},{7,8,9}};
int b[3][3],i,j;
printf("原矩阵为:\n");
for(i =0;i <3;i ++)
{
```

```
        for(j=0;j<3;j++)
        {
            printf("%5d",a[i][j]);
            b[j][i]=a[i][j];
        }
        printf("\n");
    }
    printf("转置矩阵为:\n");
    for(i=0;i<3;i++)
    {
        for(j=0;j<3;j++)
            printf("%5d",b[i][j]);
            printf("\n");
    }
    system("pause");
}
```

运行结果如图 6-9 所示。

```
原矩阵为:
    1    2    3
    4    5    6
    7    8    9
转置矩阵为:
    1    4    7
    2    5    8
    3    6    9
请按任意键继续. . .
```

图 6-9 矩阵倒置结果图

【例 6-7】输出二维数组元素在内存中的存储地址。

程序清单

```
/*二维数组元素在内存中的存储地址*/
#include <stdio.h>
#include <stdlib.h>
void main()
{
    int a[3][4],i,j;
    for(i=0;i<3;i++)
        for(j=0;j<4;j++)
            printf("a[%d][%d]的地址为%4d\n",i,j,&a[i][j]);
    printf("\n");
    system("pause");
}
```

运行结果如图 6-10 所示。

```
a[0][0]的地址为1638168
a[0][1]的地址为1638172
a[0][2]的地址为1638176
a[0][3]的地址为1638180
a[1][0]的地址为1638184
a[1][1]的地址为1638188
a[1][2]的地址为1638192
a[1][3]的地址为1638196
a[2][0]的地址为1638200
a[2][1]的地址为1638204
a[2][2]的地址为1638208
a[2][3]的地址为1638212
请按任意键继续. . .
```

图 6-10 二维数组元素存储地址结果图

> **注意**
> 由于运行程序的计算机的区别，数组元素在内存中的存储地址可能会有所差别，请读者自行验证。

【例 6-8】有一个 3×4 的矩阵，编写程序找出值为最大的元素及其所在的行号和列号。

【问题分析】对于矩阵，用二维数组来描述会很方便。求矩阵中值最大的元素，可以这样实现：定义一个变量 nMax 并初始化为 nArr[0][0]，用双重循环访问矩阵中所有的元素，将每个元素和 nMax 相比较，用大于 nMax 值的元素替换 nMax 中原有的值，同时记录下该元素的行、列下标。循环结束后，输出 nMax 和所记录的下标值。该问题的解决方法可以用图 6-11 所示的流程图来表示。

程序清单

```c
/*一个3*4矩阵的操作*/
#include <stdio.h>
void main()
{
    int i,j,nRow=0,nColum=0,nMax;
    int nArr[3][4]={{4,3,7,6},{8,5,12,34},{25,46,78,97}};
    nMax=nArr[0][0];
    for(i=0;i<=2;i++)
        for(j=0;j<=3;j++)
        {
            nMax=nArr[i][j];
            nRow=j;
            nColum=j;
        }
    printf("max=%d,row=%d,colum=%d\n",nMax,nRow,nColum);
}
```

运行结果如图 6-12 所示。

开始
声明i , j , nRow, nColum, nMax
声明数组 nArr [3][4] 并初始化
for i=0to2
for j=0to3
nArr [i][j] >nMax
记录下标 I, j ; nMax<-nArr [i][j]
结束

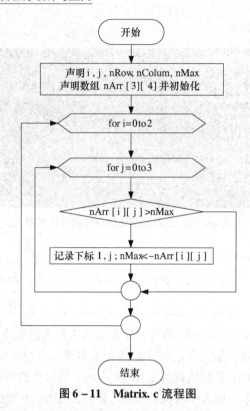

图 6－11　Matrix. c 流程图

max=97,row=3,colum=3
Press any key to continue

图 6－12　Matrix. c 结果图

6.4　使用字符数组处理字符串

前面介绍的一维和二维数组，其数据元素的值都是数值型的，称为数值数组。下面介绍另外一种类型的数组——字符数组。

字符数组就是数组元素类型为字符型的数组，它主要用于存储一串连续的字符，字符数组中的每一个元素存放一个字符。

6.4.1　字符数组初始化

1. 字符数组的定义

字符数组的定义形式与前面介绍的数值数组类似，只是类型说明符为 char。对字符数组初始化或赋值时，数据使用字符常量或 ASCII 码值。字符数组定义的一般形式如下：

```
char 数组名[常量表达式];
char 数组名[常量表达式1][常量表达式2];
```

如：

```
char ch[10];
```

此语句表示定义了一个字符数组 ch，可以存放 10 个字符。若将"C language"这 10 个字符放入数组 str 中，给字符数组各个元素分别赋值为：

```
ch[0] ='C'; ch[1] =' '; ch[2] ='l'; ch[3] ='a'; ch[4] ='n';
ch[5] ='g'; ch[6] ='u'; ch[7] ='a'; ch[8] ='g'; ch[9] ='e';
```

字符数组可以是二维或多维数组。

如：

```
char ch[5][10];
```

ch 为一个二维字符数组。

2. 字符数组的初始化

与数值数组相同，字符数组也允许在定义时作初始化赋值。

如：

```
char ch[10] = {'C',' ','l','a','n','g','u','a','g','e'};
char s[ ] = {'H','e','l','l','o','! '};
```

> 说明
>
> （1）若初值的个数大于数组长度，则做语法错误处理。
> （2）若初值个数小于数组长度，则只将这些字符赋给数组前面的元素，其余元素自动定义为空字符（'\0'）。
> （3）若初值个数与预定义的数组长度相同，则在赋初值时可以省略数组长度，系统会自动根据初值个数确定数组长度。例如：
> ```
> char s[ ] = {'H','e','l','l','o','! '};
> ```
> （4）在 C 语言中，字符数组一般是与字符串联系在一起的，可以用字符串常量来给字符数组初始化。例如：
> ```
> char c[ ] = {"Hello world"};
> ```
> 也可以省略花括号，直接写成：
> ```
> char c[ ] = "Hello world";
> ```
> （5）不可以用赋值语句给字符数组整体赋一串字符串。如：
> ```
> Char mark =[10];
> Mark = " C program";
> ```

> 注意
>
> 字符串两端使用双引号而不是单引号，数组 c 的长度不是 12，而是 13。因为是字符串常量，虽然在输入时不用输入'\0'，系统会自动在字符串的最后加上一个'\0'，这是字符串的结束标志。

6.4.2 字符数组的输入/输出

字符数组的格式输入可以分为逐个元素输入和整体输入两种,输出时也是分逐个输出和整体输出两种。

1. 逐个输入或输出字符数组中的元素

对字符数组元素采用逐个输出时,主要使用格式符"%c"进行控制。

【例6-9】逐个输入和输出字符数组中的字符。

程序清单

```c
*逐个输入和输出字符数组中的字符*/
#include <stdio.h>
void stringIO_C()
{
    char str[10];
    int i;
    printf("Input 10 characters:");
    //录入数组数据
    for(i = 0;i < 10;i ++)
        scanf("% c",&str[i]);
    //循环输出数组元素
    printf("Output 10 characters:");
    for(i = 0;i < 10;i ++)
        printf("% c",str[i]);
    printf("\n");
}
void main()
{
    printf("Input or Output string(10 char) by % % c\n");
    //调用函数
    stringIO_C();
}
```

运行结果如图6-13所示。

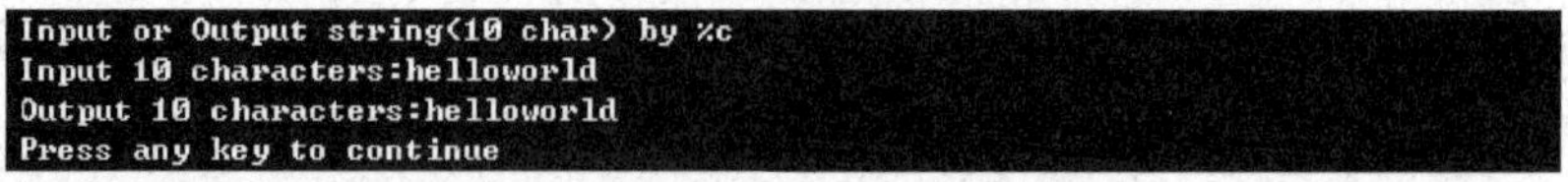

```
Input or Output string(10 char) by %c
Input 10 characters:helloworld
Output 10 characters:helloworld
Press any key to continue
```

图6-13 逐个输入字符结果图

2. 整体输入或输出字符数组

C语言中没有字符串类型的变量,但是可用字符数组作为字符串变量来使用。使用字符数组存储字符串时,其后还要存储一个空字符'\0'作为字符串的结束标志。格式符"%s"实际上是字符串的输入与输出格式控制符,当使用字符数组存储一个字符串时,即可用"%s"对其以字符串形式输入与输出。

【例 6-10】整体输入和输出字符数组中的字符。

程序清单 6_10.c

```c
/*整体输入和输出字符数组中的字符*/
#include <stdio.h>
void stringIO_C()
{
    char str1[30] = "hello world",str2[40],str3[10] = "good";
    printf("input a string:");
    scanf("%s",str2);
    printf("output:\n");
    printf("%s\n",str1);
    printf("%s\n",str2);
    printf("%s\n",str3);
}
void main()
{
    printf("Input or Output string(10 char) by %%c\n");
    stringIO_C();
}
```

运行结果如图 6-14 所示。

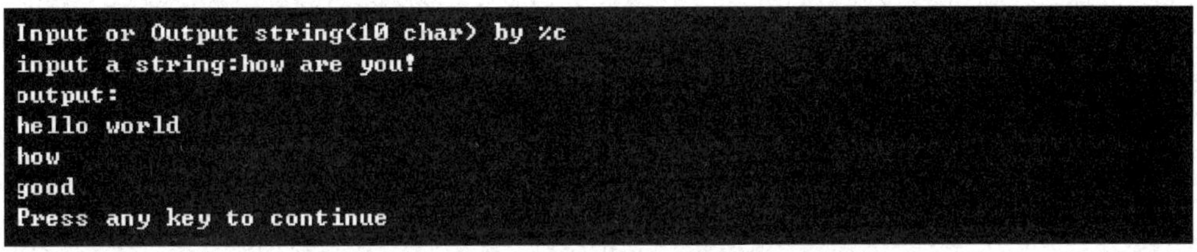

```
Input or Output string(10 char) by %c
input a string:how are you!
output:
hello world
how
good
Press any key to continue
```

图 6-14 整体输入字符结果图

> **说明**
>
> （1）scanf 函数在用"%s"格式符控制字符串输入时，将空格、跳格符（Tab）、回车符作为分隔符，输入遇到这些符号时，系统认为字符串输入结束。从上面的程序运行结果可以看出：尽管从键盘输入"how are you!"，但是 s2 字符数组只获得了"how"串。由此可见，采用 scanf 函数输入字符串时，字符串不能包含空格。
>
> （2）由键盘输入字符串时，其长度不要超出该字符数组定义的范围，同时，还需考虑到'\0'的存储空间。而字符串的长度比字符数组长度短是可行的。
>
> （3）以"%s"格式输出时，即使数组长度大于字符串长度，遇到'\0'也结束。
>
> （4）scanf、printf 函数用"%s"格式符控制字符串输入、输出时，只需给出字符串的首地址即可。在 C 语言中，数组名本身就代表该数组的首地址，故程序中常用数组名来提供字符串的首地址。

6.4.3 字符串处理函数

由于字符串有其特殊性，很多常规操作都不能用处理数值型数据的方法来完成，例如赋值、比较等。此外，字符串还有一些特殊的操作，如计算字符串长度、查找字符串的子串和字符串的连接等。

C 语言提供了丰富的字符串处理函数，大致可分为字符串的输入、输出、合并、修改、比较、转换、复制、搜索几类。使用这些函数可大大减轻编程的负担。使用输入/输出字符串函数 gets 和 puts 前，应包含头文件"stdio. h"，使用其他字符串函数前，则应包含头文件"string. h"。

下面介绍几种最常用的字符串函数。

1. 字符串输出函数 puts

puts 函数的调用格式通常为：

```
puts(str);
```

其中，参数 str 为字符串中第 1 个字符的存放地址，通常为字符数组名，也可以是将要介绍的字符型指针变量。puts 函数的功能是从 str 指定的地址开始，依次将存储单元中的字符串输出至显示器，直至遇到字符串结束标志为止。

【例 6-11】字符串处理函数 puts 的使用。

程序清单

```
/*字符串处理函数 gets()*/
#include <stdio.h>
void main()
{
    char cStr[] = "HELLO";
    puts(cStr);
}
```

运行结果如图 6-15 所示。

```
HELLO
Press any key to continue
```

图 6-15 puts 函数程序运行结果

2. 字符串输入函数 gets

gets 函数的调用格式通常为：

```
gets(str);
```

其中，参数 str 为字符串中第 1 个字符的存放地址，通常为字符数组名，也可以是字符型指针变量。gets 函数的功能是从键盘输入一个字符串（该字符串中可以包含空格），直至遇到回车符为止，并将该字符串存放到由 str 所指定的数组（或内存区域）中。

【例 6-12】字符串处理函数 puts、gets 的使用。

程序清单

```c
/*字符串处理函数 puts、gets 的使用*/
#include <stdio.h>
void main()
{
    char cStr[15];
    printf("input string:\n");
    gets(cStr);
    puts(cStr);
}
```

运行结果如图 6-16 所示。

```
input string:
chong qing
chong qing
Press any key to continue
```

图 6-16 gets 函数程序运行结果

> **说明**
> 当输入的字符串中含有空格时,输出仍为全部字符串。说明 gets 函数并不以空格为字符串输入结束的标志,而只以回车作为输入结束。这是与 scanf 函数不同的地方。

3. 字符串连接函数 strcat

strcat 函数的调用格式通常为:

strcat(str1,str2);

strcat 函数的功能是将以 str2 为首地址的字符串连接到 str1 串的后面,且从 str1 串的'\0'所在单元连接起来,即自动覆盖了 str1 串的结束标志'\0'。

> **说明**
> (1) 该函数的返回值为 str1 串的首地址。
> (2) str1 串所在字符数组要留有足够的空间,以确保两个字符串连接后不出现超界现象。
> (3) 参数 str2 既可以为字符数组名、指向字符数组的指针变量,也可以为字符串常量。

【例 6-13】字符串连接函数 strcat()的使用。

程序清单

```c
/*字符串连接函数 strcat()的使用*/
#include <stdio.h>
#include <string.h>
```

```
void main()
{
    char cStr1[30] = "My name is ";
    char cStr2[20];
    printf("input your name:\n");
    gets(cStr2);
    strcat(cStr1,cStr2);
    puts(cStr1);
}
```

运行结果如图 6-17 所示。

```
input your name:
li xiaohua
My name is li xiaohua
Press any key to continue
```

图 6-17 strcat 函数程序运行结果

4. 字符串复制函数 strcpy

字符串的复制不能使用赋值运算符 " = "，而必须使用 strcpy。strcpy 函数的调用格式为：

```
strcpy(str1,str2);
```

strcpy 函数的功能是将 str2 复制到字符数组 1 中去（包括字符串结尾符 '\0'）。strcpy 的第一个参数必须是一个字符数组变量，第二个参数可以是一个包含字符串的字符数组变量，也可以是一个字符串量。

如，下面的程序将输入的字符串复制给字符数组 str1。

```
char str1[20],str2[20];
scanf("%s",str2);
strcpy(str1,str2);
```

【例 6-14】字符串复制函数 strcpy( ) 的使用。

程序清单

```
/*字符串复制函数 strcpy()的使用*/
#include <stdio.h>
#include <string.h>
void main()
{
    char cStr1[40];
    char cStr2[40] = "My name is li xiaohua";
    strcpy(cStr1,cStr2);
    puts(cStr1);
}
```

运行结果如图 6-18 所示。

```
My name is li xiaohua
Press any key to continue
```

图 6-18 strcpy 函数程序运行结果

5. 字符串比较函数 strcmp

字符串比较函数 strcmp 的调用形式为：

`strcmp(str1,str2);`

str1 是第 1 个字符串，str2 是第 2 个字符串。

【例 6-15】字符串比较函数 strcmp( ) 的使用。

程序清单

```c
/*字符串比较函数strcmp()的使用*/
#include <stdio.h>
#include <string.h>
void main()
{
    char cStr1[40] = "how are you";
    char cStr2[40] = "how are you";
    int flag;
    flag = strcmp(cStr1,cStr2);
    if(flag == 0)
        printf("cStr1 = cStr2 \n");
    if(flag > 0)
        printf("cStr1 > cStr2 \n");
    if(flag < 0)
        printf("cStr1 < cStr2 \n");
}
```

运行结果如图 6-19 所示。

```
cStr1 = cStr2
Press any key to continue
```

图 6-19 strcmp 函数程序运行结果

6. 求字符串长度函数 strlen

求字符串长度函数 strlen 调用的形式为：

`strlen(str);`

功能：统计字符串 str 中字符的个数。

【例 6-16】求字符串长度函数 strlen( ) 的使用。

程序清单

```
/*求字符串长度函数strlen()的使用*/
#include <stdio.h>
#include <string.h>
void main()
{
    char cStr1[40] = "how are you";
    int length;
    length = strlen(cStr1);
    printf("The length of the string is %d\n",length);
}
```

运行结果如图 6-20 所示。

```
The length of the string is 11
Press any key to continue
```

图 6-20　strlen 函数程序运行结果

6.4.4　字符数组的应用

【例 6-17】从键盘上输入一个字符串，然后将其逆序输出。

【问题分析】首先从键盘上输入字符串，存放在一个字符数组中，定义字符数组 cStr1[20]，用字符串输入函数实现。可以用字符串长度函数 strlen 来求得字符串的实际长度。然后利用循环语句，将字符串数组中的每个字符从最后一个开始逆序输出。

程序清单

```
/*逆序输出字符串*/
#include <stdio.h>
#include <string.h>
void main()
{
    char cStr1[20];
    int length,i;
    printf("input a string:");
    gets(cStr1);
    length = strlen(cStr1);
    for(i = length - 1;i > 0;i--)
        printf("%c",cStr1[i]);
    printf("\n");
}
```

运行结果如图 6-21 所示。

```
input a string:abcdefg
gfedcb
Press any key to continue
```

图 6-21 逆序输出程序运行结果

【例 6-18】从键盘上输入两个字符串,按照由小到大的顺序将其连接在一起。

【问题分析】定义两个字符数组,分别为 str1[20] 和 str2[20],用 gets( ) 函数对两个字符数组赋值。然后比较两个字符数组的大小,使用字符串比较函数 strcmp。将大的数组中的字符串放在小的数组后面,使用第 3 个字符数组 str3[50] 来存放由两个字符串组合的新字符串。

程序清单

```c
/*字符串连接*/
#include <stdio.h>
#include <string.h>
void main()
{
    char str1[20],str2[20],str3[50];
    gets(str1);
    gets(str2);
    if(strcmp(str1,str2)<0)
    {
        strcpy(str3,str1);
        strcat(str3,str2);
    }
    else
    {
        strcpy(str3,str2);
        strcat(str3,str1);
    }
    puts(str3);
}
```

运行结果如图 6-22 所示。

```
China
Beijing
BeijingChina
Press any key to continue
```

图 6-22 字符串连接程序运行结果

6.5　typedef 定义类型

在 C 语言中，不仅提供了丰富的数据类型，而且还允许由用户自己定义类型说明符，也就是说，允许用户为数据类型取"别名"，类型定义符 typedef 用来完成此功能。该别名与标准类型名一样，可用来定义相应的变量，即在 C 语言中，除了可直接使用 C 提供的标准类型和自定义的类型（结构、共用、枚举）外，也可使用 typedef 定义已有类型的别名。typedef 语句的一般形式为：

```
typedef 已定义的类型    新的类型
```

如，有整型变量 a、b，其说明如下：

```
int a,b;
```

其中 int 是整型变量的类型说明符，可把整型说明符用 typedef 定义为：

```
typedef int INTEGER
```

以后就可用 INTEGER 来代替 int 作整型变量的类型说明了。

自定义类型标识符有以下作用：

（1）提高程序的可读性和可维护性。例如，在调试程序时发现 INTEGER 定义的变量产生了溢出，表明用 int 的值域范围太小。解决的方法很简单：只要把 typedef int INTEGER 改为 typedef long INTEGER 即可。

（2）方便用户编程。对于复杂的类型，用一个简单的标识符来代表可以大大简化对象的说明，避免浪费时间。

如，在定义一个结构体时，通常要先定义类型再定义变量，即

```
struct student
{
    char no[5];
    char name[10];
    char sex;
    int age;
};
struct student stu1,stu2;
```

如果用自定义类型标识符 typedef：

```
typedef student
{
    char no[5];
    char name[10];
    char sex;
    int age;
}STU;
STU stu1,stu2;
```

用 STU 代替了 struct student 这个结构体类型。

6.6 案例实现

6.6.1 案例1：课表查询系统

【问题描述】课表查询系统要求学生输入查询第几天时，系统自动输出当天的课表，包括课程名称、授课教师、授课地点。

【编程思路】该程序的流程图如图6-23所示。

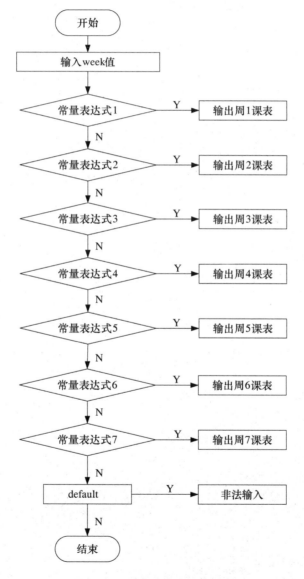

图6-23 课表查询系统流程图

程序清单

```c
#include "stdio.h"
#include "string.h"
#define MAX 200
//定义查询课表的函数
void kebiao()
{
    //定义变量
    char week;
    char MON[MAX]={"0"};
    char TUE[MAX]={"0"};
    char WED[MAX]={"0"};
    char THU[MAX]={"0"};
    char FRI[MAX]={"0"};
    strcpy(MON,"上午1,2节-----面向对象程序设计(万川梅)-----教室6209\n上午3,4节-----计算机组成原理(陈媛)-----教室6211");
    strcpy(TUE,"上午3,4节-----模拟电子技术(聂增丽)-----实训楼201\n下午5,6节-----创新创业基础(孔雷)-----第六教学楼201");
    strcpy(WED,"上午1,2节-----面向对象程序设计(万川梅)-----教室6209\n");
    strcpy(THU,"上午1,2节-----模拟电子技术(聂增丽)-----实训楼201\n上午3,4节-----计算机组成原理(陈媛)-----教室6211");
    strcpy(FRI,"上午3,4节-----大学体育(刘玲慧)-----足球场\n下午3,4节-----大学英语(杨会玉)-----第六教学楼109");
    printf("请输入查询第几天:");
    scanf("%c",&week);
    //判断星期几
    switch(week)
    {
    case '1':
        puts(MON);
        break;
    case '2':
        puts(TUE);
        break;
    case '3':
        puts(WED);
        break;
    case '4':
        puts(THU);
        break;
    case '5':
```

```
            puts(FRI);
            break;
        case '6':
            printf("周六没有课\n");
            break;
        case '7':
            printf("周日没有课\n");
            break;
        default:
            printf("非法输入\n");
        }
}
void main()
{
    //调用课表
    kebiao();
}
```

运行结果如图 6-24 所示。

```
请输入查询第几天：1
上午 1，2 节----- 面向对象程序设计（万川梅）-----教室6209
上午 3，4 节----- 计算机组成原理（陈媛）-----教室6211
Press any key to continue
```

图 6-24 课表查询系统运行结果图

6.6.2 案例 2：竞赛选手评分系统

【问题描述】为比赛选手评分。计算方法是：从 10 名评委的评分中扣除一个最高分和一个最低分，计算总分后除以 8，得到这个选手的最后得分（分数采用百分制）。

【编程思路】本题的一种求解方法是：①在接收输入的评分的过程中计算出 10 个评委的评分总和；②找出其中的最高分和最低分；③最后得分为：（总分 - 最高分 - 最低分）/8。要注意，评委给出的评分都是整型数据，通过计算得出的选手的得分是实型数据，利用除法运算符"/"计算选手得分时，应进行强制类型转换。程序流程图如图 6-25 所示。

算法描述：

(1) 定义符号常量 N，值为 10；

(2) 定义数组 score，接收键盘输入的评委的评分；

(3) 定义变量 max，min，sum，用于存储最高分、最低分和总分；

(4) 定义变量 mark，用于存储选手最后得分；

(5) 循环变量 i=0，循环条件 i<N，循环执行以下语句：

①键盘输入评委的评分，存储到 score[i]中；

②对评分进行累加：sum = sum + score[i]；

(6) 令 max = score[0], min = score[0]；

(7) 循环变量 i = 0, 循环条件 i < N, 循环执行以下语句：

①如果 score[i] > max, 则 max = score[i]；

②如果 score[i] < min, 则 min = score[i]；

(8) 计算选手得分, 存储到变量 mark 中并输出。

程序清单

```c
#include <stdio.h>
#define N 10
int main()
{
    int i;
    int score[N];
    int max,min;
    int sum = 0;
    float mark;
    printf("please input the scores:");
    for(i = 0;i < N;i ++)
    {
        scanf("% d",&score[i]);
        sum = sum + score[i];
    }
    max = min = score[0];
    for(i = 0;i < N;i ++)
    {
        if(score[i] > max)
            max = score[i];
        if(score[i] < min)
            min = score[i];
    }
    mark = float((sum - min - max)/(N - 2));
    printf("the mark of the player is:% .1f\n",mark);
    return 0;
}
```

运行结果如图 6 - 25 所示。

```
please input the scores:89 88 78 86 84 86 83 82 90 81
the mark of the player is:84.0
Press any key to continue
```

图 6 - 25　竞赛选手评分系统运行结果图

6.7 本章小结

数组是程序设计中常用的一种构造类型。实际上,为了使用方便,将相同类型的变量按一定顺序组成一个集合,统一对集合中的元素进行操作。数组按照数组元素的类型,分为数值型数组、字符型数组等;按维数,分为一维、二维和多维数组。本章重点讲述了一维、二维和字符数组,包括数组的定义、初始化、数组元素的引用、字符串处理函数及编程中一些基本的算法。学习本章,要注重以下几点。

(1) 数组的定义。

定义语句中应该包括 3 个部分:数组类型、数组名和数组的长度。数组类型可以为任意类型。数组名要符合标识符的命名规则。数组长度必须为常量表达式,一维数组有一个常量表达式,二维数组有两个常量表达式。定义的目的主要是向系统申请一定的空间。

(2) 数组元素初始化。

数组元素可以通过赋值语句逐个赋值,或通过输出函数来动态赋值,还可以对数组进行初始化。

一维数组初始化,是将所有元素的值放在一个花括号中,系统会自动地将每个值逐个赋予数组元素。这时要注意值的个数不能超过数组长度。

二维数组可以像一维数组一样,将所有值放在一个花括号中。系统根据数组元素在内存中的顺序逐个赋值。还可以采用按行赋值的方法,将每行值放在一个花括号中,最后再用一个花括号括起来。

(3) 数组元素的引用。

数组元素在使用的时候只能逐个地引用数组元素,而不能引用整个数组。引用的时候,数组元素的下标代表了数组元素在数组中的位置。一般情况下,下标用一个表达式来表示,可以是常量、变量,也可以是一个表达式。若下标为小数,系统会自动地取整。

(4) 数组元素的输入和输出。

数组元素在输入和输出的时候,因为数组元素很多,通常要用 for 循环语句来配合使用。一维数组用一个 for 循环语句即可。二维数组要用两重 for 循环语句,外循环用来控制行数,内循环用来控制列数。

(5) 字符串处理函数。

为了处理字符串方便,系统提供了一些字符串处理函数。它们都包含在对应的头文件中。所以,在编写程序时要加上对应的头文件。如字符串输入和输出函数在使用时,要加上头文件 "stdio.h",而其他的几个函数要加上头文件 "string.h"。

6.8 习 题

一、选择题

1. 以下对一维数组 a 的定义中,正确的是(   )。

  A. char a(10);　　　　　　　　　　B. int a[0..100];

C. int a[5];   D. int k = 10; int a[k];
2. 以下对一维数组的定义中，不正确的是（   ）。
    A. double x[5] = {2.0,4.0,6.0,8.0,10.0};
    B. int y[5] = {0,1,3,5,7,9};
    C. char ch1[ ] = {'1','2','3','4','5'};
    D. char ch2[ ] = {'\x10','\xa','\x8'};
3. 以下对二维数组的定义中，正确的是（   ）。
    A. int a[4][ ] = {1,2,3,4,5,6};
    B. int a[ ][3];
    C. int a[ ][3] = {1,2,3,4,5,6};
    D. int a[ ][ ] = {{1,2,3},{4,5,6}};
4. 假定一个 int 型变量占用两个字节，若有定义：int x[10] = {0,2,4};，则数组 x 在内存中所占字节数是（   ）。
    A. 3   B. 6   C. 10   D. 20
5. 以下程序的输出结果是（   ）。

```
main()
{ int a[4][4] = {{1,3,5},{2,4,6},{3,5,7}};
  printf("%d%d%d%d\n",a[0][3],a[1][2],a[2][1],a[3][0]);
}
```

A. 0650   B. 1470
C. 5430   D. 输出值不定

6. 以下程序的输出结果是（   ）。

```
main()
{ int m[ ][3] = {1,4,7,2,5,8,3,6,9}; int i,j,k=2;
  for(i=0;i<3;i++){ printf("%d ",m[k][i]);}
}
```

A. 4 5 6   B. 2 5 8
C. 3 6 9   D. 7 8 9

7. 以下程序的输出结果是（   ）。

```
main()
{ int b[3][3] = {0,1,2,0,1,2,0,1,2},i,j,t=0;
  for(i=0;i<3;i++)
    for(j=i;j<=i;j++)
      t=t+b[i][b[j][j]];
  printf("%d\n",t);
}
```

A. 3   B. 4   C. 1   D. 9

8. 若定义一个名为 s 且初值为"123"的字符数组，则下列定义错误的是（   ）。

A. char s[ ] = {'1','2','3','\0''};
B. char s[ ] = {"123"};
C. char s[ ] = {"123\ n"};
D. char s[4] = {'1','2','3'};

二、编程训练

1. 有 n 个人围成一个圈子，从第一个人开始报数（从 1 到 3 报数），凡报到 3 的人退出圈子，问最后留下的是原来的第几号。
2. 给定一个一维数组，任意输入 6 个数，假设为 1、2、3、4、5、6，存入二维数组中。
3. 将一个英文句子中的前后单词逆置（单词之间用空格隔开）。

　　如：how old are you

　　逆置后为：you are old how

三、扩展项目训练

将一个小写英文字符串重新排列，按字符出现的顺序将所有相同字符存放在一起。

　　如：acbabca

　　排列后为：aaaccbb

第 7 章

指针与应用

- 掌握指针的概念
- 掌握指针变量的概念
- 掌握指针变量的声明和使用
- 掌握通过指针引用数组元素
- 会使用指向函数的指针变量
- 学会使用动态分配内存和释放内存

本章重点
- 指针变量的声明
- 指针变量的不同应用
- 动态内存分配

本章难点
- 指针和指针变量的概念
- 多重指针

指针在 C 语言中占有很重要的地位，也是 C 语言的一个重要特色，同时又是学习 C 语言的难点所在。指针的正确使用，能够使程序更加简洁，执行更加高效。可以说，指针是 C 语言的精华。每一个学习 C 语言的人，都应当熟练地掌握和使用指针。

7.1 指针概述

指针（Pointer）这个名词，初见之下可能会一头雾水，不知所云。其实生活中处处都有指针，也处处在使用它，指针给生活带来了很多方便。看下面的例子。

去图书馆借阅图书，由于不知道图书的位置，先去图书管理系统上查询图书信息，得到如下位置信息：28390 书架。获得这个位置信息，就可以很方便地找到要借阅的图书。在这里，这个放置图书的位置信息，其实就是指针，可以很方便地通过这个指针找到要借阅的图书。

7.1.1 指针概念

在 C 语言中，将地址形象化地称为指针。可以理解为，指针就是地址。那么什么是地址呢？可以简单理解为内存单元的编号。每一个内存单元是一个字节长度，32 位系统的内存地址范围为 0x00000000～0xFFFFFFFF。

定义一个整型变量 i，并把它初始化为 3。假设程序在编译时，把地址为 0x010FF744～0x010FF747 的 4 个字节单元分配给变量 i。

内存中从 0x010FF744～0x010FF747 这连续的 4 个字节空间中，存储的内容就是整数 3。这一片内存空间就是变量 i，其首地址 0x010FF744 就叫做变量 i 的地址。一个变量的地址称为该变量的指针，因此，变量 i 的指针就是 0x010FF744。

> **注意**
>
> 一定要弄清楚变量的地址和变量的值的区别。在程序中使用变量的名字来引用变量的值。使用 & 取地址符号来获取变量的地址。
>
> printf("%p\n",&i);
>
> 变量的值是存储在以变量的地址为首的一片连续的内存空间之中的。地址里面存储的内容就是变量的值。

7.1.2 指针变量的定义

在 C 语言中，除了使用变量名来直接访问变量外，还可以使用变量的地址来访问变量。但是，形如 0x010FF744 这样的地址，书写起来比较烦琐。因此，可以定义一种变量来保存变量的地址，这种存放地址的变量就叫做指针变量。

指针变量的一般形式为

```
类型名  *指针变量名;
```

其中，类型名说明了指针变量所指向的变量的类型。

如：

```
char  *c_pointer;
```

指针变量名为 c_pointer，指针变量所指向的变量的类型为 char 型。

如同其他变量的定义一样，在定义指针变量的同时，可以对它进行初始化：

```
char  *c_pointer = &c;  //定义指针变量 c_pointer,并将 c 的地址赋给指针变量。
```

> **说明**
>
> （1）定义中的"*"表示该变量类型为指针变量。指针变量名为 c_pointer，而不是 *c_pointer。
>
> （2）指针变量的定义必须指明其指向数据的类型。因为指针变量中存放的是其所指向的变量的首地址，若不在定义指针变量时指定指向的数据类型，那么使用指针变量去访问所指向的数据时，无法判定是要读取该地址后的几个字节数据。
>
> （3）指针的类型。指向整型数据的指针类型为 int*，指向字符型数据的指针类型为 char*，指向浮点型数据的指针类型为 float*。可以简单地记忆为，将指针变量的定义中的变量名去掉，剩下的部分即为指针的类型。如：
>
> char*c_pointer;
>
> 去掉指针变量名 c_pointer，剩下的为 char*，即指针的类型为 char*。
>
> （4）指针的类型和指针指向的类型。指针的类型如（3）所述；指针的指向类型，即指针定义中声明的类型。

从上述例子可以看出，使指针变量指向一个变量的语句形式为：

指针变量名 = & 变量名；

如：

char c ='c';   //定义字符变量c,并初始化为字符c。
char * c_pointer = &c;//定义指针变量c_pointer,并指向变量c。

这时，访问变量c有两种途径：

（1）直接访问：使用变量名直接访问变量，如 c = 'C'。
（2）间接访问：使用指针变量间接访问变量c，如 * c_pointer = 'A'。
上述操作中，* c_pointer 表示 c_pointer 所指向的变量，即 c。

> **注意**
>
> 要熟练掌握以下两个运算符：
> （1） & 取地址运算符。&c 即取得变量 c 在内存中的地址。
> （2） * 指针运算符（或者叫取内容运算符）。* c_pointer 代表取得 c_pointer 中的内容，c_pointer 中存放的是其所指向的变量的地址，因此，* c_pointer 也表示取得 c_pointer 所指向的变量的内容，即变量的值。

【例7-1】编写一个给指针变量赋值的程序。

程序清单

```
#include "stdio.h"
int main()
{
    int i1 = 0,i2 = 5;
    int *p1 = NULL,*p2 = NULL;//定义指向int型变量的指针p1,p2

    p1 = &i1;//使p1指向变量i1
    *p1 = *p1 + 2;//通过p1指针访问变量i1,使i1的值加2
    p2 = p1;
    p1 = &i2;

    printf("p1指向的变量值为:%d\n",*p1);
    printf("p2指向的变量值为:%d\n",*p2);
}
```

运行结果如图7-1所示。

p1指向的变量值为：5
p2指向的变量值为：2

图7-1 指针给变量赋值

代码解析：

（1）定义指针变量时，若无确定指向，可用 NULL 来对指针变量初始化。NULL 在 stdio.h 头文件中预定义为 0，即 NULL 代表空值。

（2）当 p1 指向 i1 时，*p1 即取变量 i1 的地址中的内容，因此，*p1 = *p1 + 2 即相当于 i1 = i1 + 2。p2 = p1 是把指针变量的值赋给另一个指针变量，因 p2 和 p1 所指向的类型相同，因此该语句合法，其作用是使 p2 也指向 p1 所指向的变量。执行 p1 = &i2 后，p1 的指向已改变，这时不能再使用 *p1 访问变量 i1。

【例 7 - 2】输入三个整数，输出其中的最大数。

程序清单

```
#include "stdio.h"
int main()
{
    int i1 = 0,i2 = 0,i3 = 0;
    int *p_max = NULL;//定义指向 int 型变量的指针 p_max

    printf("请输入三个整数:");
    scanf("%d%d%d",&i1,&i2,&i3);

    p_max = &i1;
    if(i1 < i2)
    {
        p_max = &i2;
    }
    if(i2 < i3)
    {
        p_max = &i3;
    }
    printf("i1 = %d,i2 = %d,i3 = %d\nmax = %d\n",i1,i2,i3,*p_max);
    return 0;
}
```

运行结果如图 7 - 2 所示。

```
请输入三个整数:2 3 5
i1 = 2,i2 = 3,i3 = 5
max = 5
```

图 7 - 2 输出三个数的最大值

代码解析：

（1）这个例子中，使用了指针变量指向其他变量的特性，定义了一个指向最大值变量的指针变量 p_max，并未定义用以存储最大值的变量。

（2）用 p_max 可灵活地指向当前的最大值变量。

（3）使用 * 运算符取出 p_max 所指向的最大值变量的内容，进行输出。

7.1.3 指针的基本运算

可以对指针进行加减算术运算和指针间的减法运算，以及比较指针间的关系运算。

1. 指针的算术运算

对指针进行加或者减算术运算时，实际上是对指针所指向地址的运算，如图7-3所示。

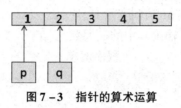

图7-3 指针的算术运算

如：

```
int array[5] = {1,2,3,4,5};
int *p = array;
int *q = p+1;
```

上述代码中，定义了一个指向整型变量的指针p和q，使p指向数组的第一个元素的地址，q指向p+1所指向的地址。那么p+1是什么意思呢？假设p指向的地址为0x10FFF744，这里p+1并不是说将0x10FFF744+1得到0x10FFF745。0x10FFF744+1代表将p向后移动一个字节的长度，但是p的类型是int，int在内存中占4个字节长度，因此，p+1应该是将p向后移动1个int的长度，即0x10FFF744+4 = 0x10FFF748，这个地址正好是数组array的第二个元素的首地址。所以，*q就是数组的第二个元素。

📢 说明

（1）对指针变量进行算术运算，也就是在内存中移动指针的指向位置。

（2）一般地，如果p是一个指针，n是一个正整数，则对指针p进行加或者减操作后的实际地址是：p+(-)n*sizeof（指针指向的数据类型）。

2. 指针间的减法

指向同一组类型相同的数据的指针之间可以进行减法运算，相减的结果表示两个指针间相距的数据个数。

如图7-4所示，q-p的结果为4，表示q和p相差4个数据元素，即相差4个存储单元。假如p所指向的数据地址是1000，q所指向的数据地址是1024，那么如果p和q指向的均为整型数据，则q-p的值为（1024-1000）/4 = 6；如果p和q指向的是字符型数据，那么q-p的值则为24。

3. 比较指针

对指针进行比较运算的前提是，指针指向同一个连续的存储单元，如数组。指针比较的结果说明哪个指针指向更前面或更后面的元素。如果两个任意的指针进行比较，有的编译器会报错，提示比较操作符两边类型不匹配。

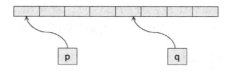

图7-4 指向同一个连续的存储单元指针相减

【例7-3】编写一个移动指针和比较指针的程序。

程序清单

```
#include "stdio.h"
int main()
{
    int a[10] = {0,1,2,3,4,5,6,7,8,9};
    int *p = NULL,*q = NULL;

    p = a;
    q = &a[4];
    p = p + 8;
    if(p > q)
        printf("p > q\n");
    else
        printf("p < = q\n");
    printf("p - q = % d\n",p-q);
    return 0;
}
```

运行结果如图7-5所示。

图7-5 一个移动指针和比较指针运行结果

代码解析：

p和q指向同一连续存储单元，即数组a，分别指向a[0]和a[4]，如图7-6所示。

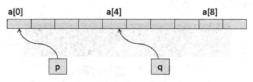

图7-6 移动和比较指针

p = p + 8，给p重新赋值，这时p不再指向a[0]，而是移动到a[8]处，指向了a[8]。可以看到，指针p指向的是q后面的存储单元，因此p-q的值大于0（数据在内存中是由内存低位向高位存储）。这里需要注意，移动指针时，避免超出可指向的范围。例如，将 q 向后移动 6 个存储单元后，已经超出了数组 a 的地址范围，将指向无意义的地址。

7.1.4　指针作为函数参数

在进行函数调用时，使用一般变量当作函数的参数传递，这时传递的是变量的一个副本，并不是变量的本身。如果需要对变量的本身进行操作，需要使用指针作为函数的参数进行传递。指针作为函数参数传递，其作用是将指向变量的地址传递给函数，在函数中可以对变量本身进行操作。

【例 7 - 4】分析下面代码。

程序清单

```
void swap(int *p1, int *p2)
{
    int temp;
    temp = *p1;
    *p1 = *p2;
    *p2 = temp;
}

void main()
{
    int a = 1;
    int b = 2;

    int *pointer1 = &a;
    int *pointer2 = &b;

    swap(pointer1, pointer2);

    printf("a = %d,b = %d\n*pointer1 = %d,*pointer1 = %d\n", a, b, *pointer1, *pointer2);
}
```

上面代码的运行结果如图 7 - 7 所示。

```
a = 2,b = 1
*pointer1 = 2,*pointer1 = 1
```

图 7 - 7　运行结果

代码解析：

在上述代码中，变量 a 和 b 的值进行了交换。这是因为，传递给 swap 函数的两个参数 pointer1 和 pointer2 是指向变量 a 和 b 的两个指针。通过指针传递参数，实质上还是值传递，传递给函数的是指针的值,即指针指向的变量的地址。因此,在 swap 函数内部,通过指向 a 和 b 的两个指针,将该地址中存储的数据进行了交换。

如果将 swap 函数做如下修改:

```
void swap( int x, int y)
{
    int temp;
    temp = x;
    x = y;
    y = x;
}
```

在 main 函数中调用 swap(a,b)。将会发现,a 和 b 的值并没有交换。这是因为一般变量的传递,是其副本,并不是参数本身。在 swap 函数里对 x 和 y 进行了交换,但是并没有修改变量 a 和 b。

> **注意**
> (1) 通过调用函数使变量的值发生改变,不能采用变量的值传递,而应该用变量的指针作为函数参数。
> (2) 指针作为形参传递,在函数调用结束后,作为形参的指针被释放而不复存在,但是通过指针操作的结果(即指针指向的内存单元)的变化会被保留下来。

7.2 指针与数组

7.2.1 指针与一维数组

数组中每一个元素都有一个地址,因此可以用指针变量来指向数组元素。
如:

a:

　　a[0]　　　　　　　　　　　　　　　　　　　　a[1]

```
int a[10] = {1,2,3,4,5,6,7,8,9,10};//定义包含10个元素的数组 a
int *pa;//定义 pa 为指向整型数据的指针
pa = &a[0];//将 pa 指向数组 a 的第一个元素
```

实际上,数组的数组名就是数组的首地址,因此,数组名作为函数的形参时,在函数体内部,会被当做指针处理。数组和指针的区别在于,数组是在内存中开辟一块连续的内存空间,数组名是一个指向数组首地址的常量;指针则是只分配一个指针大小的内存空间,它的值是指向某个有效的内存空间的地址,指针是一个变量。

> **注意**
> 数组名并不代表整个数组,只代表数组的首地址。

因此,下面的写法并不是将数组整体赋值给指针。

```
pa = a;  //将pa指向数组a的首地址,等价于pa = &a[0];
```

对于数组的访问,可以使用上一节学习的指针的算术运算来实现。假如要访问数组a的第二个元素,可以将指针pa+1,然后取pa+1地址中的内容即可。

> **说明**
> (1)数组的访问可以用下标法,如a[2],也可以用指针来完成,如*pa。
> (2)任何能由下标完成的操作,都可以用指针来实现。
> (3)通过指针来访问数组,比通过下标来访问的执行效率更高。

【例7-5】使用指针访问数组,输出数组中的全部元素。

程序清单

```
void main()
{
    int *p,i,a[10];
    p = a;
    printf("请输入10个整数:\n");
    for(i = 0;i < 10,i ++)
        scanf("% d",p ++);
    for(i = 0;i < 10;i ++,p ++ )
        printf("% d",*p);
    printf("\n");
}
```

运行结果如图7-8所示。

```
1 2 3 4 5 6 7 8 9 0
0 6422220 892221276 0 6422368 4199072 1 78
75624 7871560 2
```

图7-8 指针访问数组运行结果

代码解析:

从图7-8所示的运行结果来看,输出的数组元素显然不是输入的0~9这10个数字。程序中肯定存在着错误。

(1)第一行,定义了一个指向整型数据的指针p、一个整型变量i和整型数组a,数组a的长度为10。

(2)第二行,将数组的地址赋值给指针p。

(3) 第三行,输出一行输入提示。

(4) 第四行,一个 for 循环,输入数组的 10 个元素。输入时使用的是指针 p 指向的地址来接收输入的数据。这样,在循环结束时,p 指向的是数组 a 的最后一个元素之后的内存空间。

(5) 第六行,在 for 循环中输出数组元素,使用的指针 p 访问数组。但是,这时 p 的指向已经在数组 a 之外。因此,输出了 a 之外的内存空间的元素。

解决这个问题的办法其实很简单:在第二个 for 之前,重新将指针 p 指向数组的首地址即可,p = a。修改后的代码为:

```
void main()
{
        int *p = NULL;
        int i,a[10];
        p = a;
        printf("请输入10个整数:\n");
        for(i = 0;i < 10;i ++)
            scanf("% d",p ++);
        for(i = 0,p = a;i < 10;i ++,p ++ )
            printf("% d ",*p);
        printf("\n");
}
```

运行结果如图 7 - 9 所示。

```
1 2 3 4 5 6 7 8 9 0
1 2 3 4 5 6 7 8 9 0
```

图 7 - 9　运行结果

在修改后的代码中,在输出之前,将指针重新指向了数组的首地址。访问数组时,使用 p ++ 每次将指针 p 向后移动一个元素,然后使用 *p 取出数组元素。使用指针访问数组时一定要注意指针的指向是否超出数组元素的范围。

7.2.2　指针与二维数组

1. 二维数组的地址

设有整型二维数组 a[3][4]如下:

0　1　2　3
4　5　6　7
8　9　10　11

它的定义为:

`int a[3][4] = {{0,1,2,3},{4,5,6,7},{8,9,10,11}};`

设数组 a 的首地址为 1000,各下标变量的首地址及其值如图 7 - 10 所示。

10000	10021	10042	10063
10084	10105	10126	10147
10168	10189	102011	102212

图 7-10　二维数组的地址

前面介绍过，C 语言允许把一个二维数组分解为多个一维数组来处理。因此，数组 a 可分解为三个一维数组，即 a[0]、a[1]、a[2]。每一个一维数组又含有四个元素，如图 7-11 所示。

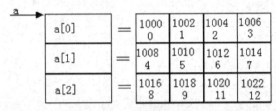

图 7-11　一维数组的地址

数组及数组元素的地址表示如下：从二维数组的角度来看，a 是二维数组名，a 代表整个二维数组的首地址，也是二维数组 0 行的首地址，等于 1000。a+1 代表第一行的首地址，等于 1008，如图 7-12 所示。

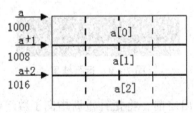

图 7-12　一维数组的首地址

a[0]是第一个一维数组的数组名和首地址，因此也为 1000。*(a+0)或*a 是与 a[0]等效的，它表示一维数组 a[0]0 号元素的首地址，也为 1000。&a[0][0]是二维数组 a 的 0 行 0 列元素首地址，同样是 1000。因此，a,a[0], *(a+0), *a,&a[0][0]是相等的。

同理，a+1 是二维数组第 1 行的首地址，等于 1008。a[1]是第二个一维数组的数组名和首地址，因此也为 1008。&a[1][0]是二维数组 a 的第 1 行 0 列元素地址，也是 1008。因此，a+1, a[1], *(a+1),&a[1][0]是等同的。

由此可得出，a+i, a[i], *(a+i),&a[i][0]是等同的。

此外，&a[i]和 a[i]也是等同的。因为在二维数组中不能把 &a[i]理解为元素 a[i]的地址，不存在元素 a[i]。C 语言规定，它是一种地址计算方法，表示数组 a 第 i 行首地址。由此，得出 a[i], &a[i], *(a+i)和 a+i 也都是等同的。

另外，a[0]也可以看成是 a[0]+0，是一维数组 a[0]的 0 号元素的首地址，而 a[0]+1

则是 a[0] 的 1 号元素首地址，由此可得出 a[i] +j 是一维数组 a[i] 的 j 号元素首地址，它等于 &a[i][j]。

由 a[i] = *(a+i) 得 a[i] +j = *(a+i) +j。由于 *(a+i) +j 是二维数组 a 的第 i 行 j 列元素的首地址，所以，该元素的值等于 *(*(a+i) +j)。

2. 指向二维数组的指针变量

把二维数组 a 分解为一维数组 a[0]、a[1]、a[2] 之后，设 p 为指向二维数组的指针变量。可定义为：

```
int (*p)[4];
```

它表示 p 是一个指针变量，它指向包含 4 个元素的一维数组。若指向第一个一维数组 a[0]，其值等于 a，a[0]，或 &a[0][0] 等。而 p+i 则指向一维数组 a[i]。从前面的分析可得出 *(p+i) +j 是二维数组 i 行 j 列的元素的地址，而 *(*(p+i) +j) 则是第 i 行 j 列元素的值。

二维数组指针变量说明的一般形式为：

```
类型说明符 (*指针变量名)[长度]
```

其中"类型说明符"为所指数组的数据类型。"*"表示其后的变量是指针类型。"长度"表示二维数组分解为多个一维数组时，一维数组的长度，也就是二维数组的列数。应注意"(*指针变量名)"两边的括号不可少，如缺少括号，则表示是指针数组，意义就完全不同了。

【例 7-6】 使用指针输出二维数组中的元素。

程序清单

```
void main()
{
    int a[3][4]={0,1,2,3,4,5,6,7,8,9,10,11};
    int (*p)[4];
    int i,j;
    p=a;
    for(i=0;i<3;i++)
    {
        for(j=0;j<4;j++) printf("%2d ",*(*(p+i)+j));
        printf("\n");
    }
}
```

运行结果如图 7-13 所示。

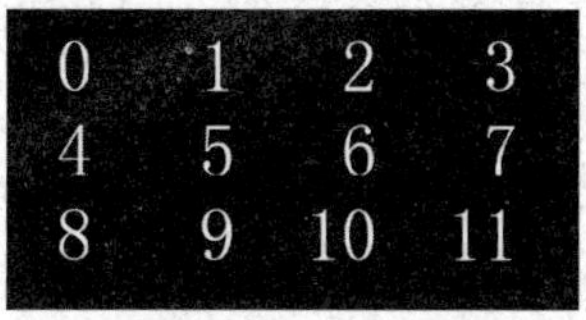

0 1 2 3
4 5 6 7
8 9 10 11

图 7-13　指针输出二维数组中的元素

7.2.3 指向字符串的指针变量

C语言里没有字符串型变量，因此，使用字符串变量时，用字符型数组来实现。

如：

```
char str[ ] = "abcd";
```

上述代码等价于 char str[ ] = {'a','b','c','d'}。同样地，可以使用字符指针来实现字符串。

如：

```
char *p = "abcd";
```

可以看到，p被定义为一个指针变量，它指向字符型数据。请注意，只能指向一个字符变量或其他字符类型数据，不能同时指向多个字符数据，更不是把"abcd"存放在p中，只是把字符串的首地址赋值给p。

> **注意**
> 使用字符数组存放的字符串，是在内存中的变量区存储，因为字符是在数组这一变量中存放的。而使用指向字符的指针表示字符串时，因为字符串并没有存储的数据类型（即并无内存空间来存储字符串），因此，字符串会被存放在内存中的常量区，而指针p只是指向该常量区的字符串中第一个字符的首地址。

可以使用数组下标来访问或者修改字符串中的字符，如 str[1] = 'B'，可以将字符串中的第二个字符修改为大写的'B'。但是，不能使用指针p去修改字符串中的字符。

```
p[1] = 'B';       //错误。
*(p+1) = 'B';    //错误
pintf("%s",p);    //正确
pintf("%c",*(p+1))//正确
```

可见，通过指向字符串的指针变量，只能进行读取操作，无法进行写入或修改操作。

7.2.4 指针数组

看这样一种情况，学校图书馆有一批新进书籍，要对这批书籍进行存放排序。按照一般方法，先将书名用字符数组存放，再将这些书名存放在另一个字符数组中，也就是使用二维数组来实现。但是，二维数组在定义或者初始化时需要指定列的宽度，可书籍名很显然是不相等的。这时无从得知最大的书名是多少个字符，因此就需要利用数组这样的特殊数组来实现。

一个数组，如果其元素全都是指针类型的数据，就称其为指针数组。指针数组中的每一个元素均为一个地址，指向一块内存地址。

指针数组的定义形式：

类型名　*数组名[数组长度]

如：

int *p[4]

指针数组与指向数组的指针变量的区别，int(*p)[4]。

【例7-7】将C++、JAVA、Python、Perl按照字母顺序输出。

程序清单

```
#include "stdio.h"
#include "string.h"
void main(){
    void sort(char *name[],int n);
    void print(char *name[],int n);

    char *name[] = {"C++","JAVA","Python","Perl"};

    sort(name,4);
    print(name,4);
}

void sort(char *name[],int n)
{
    char *temp;
    for(int i = 0;i < n-1;i++)
    {
        int k = i;
        for(int j = i+1;j < n;j++)
        {
            if(strcmp(name[k],name[j]) > 0)
                k = j;
        }
        if(k! =i)
        {
            temp = name[i];
            name[i] = name[k];
            name[k] = temp;
        }
    }
}

void print(char *name[],int n)
{
    for(int i = 0;i<n;i++)
        printf("%s\n",name[i]);
}
```

运行结果如图 7-14 所示。

图 7-14 将 C++、JAVA、Python、
Perl 按照字母顺序输出的运行结果

代码解析：

首先在 main 函数中定义指针数组 name，它有 4 个元素，其初始值分别为 4 个字符串的首地址。sort 函数的作用是对字符进行排序。sort 函数的形参 name 也是指针数组，接收实参传递过来的 name 数组的地址，因此，在 sort 函数中，形参和实参 name 数组指向的是同一个数组。经过 sort 函数的排序后，name[0] 指向的是字符顺序最小的字符串，name[3] 指向的是字符顺序最大的字符串。print 函数的作用是输出字符串。

7.2.5 多级指针

C 语言中，指针变量保存的是指向另一个变量的地址，但是指针变量自己也有地址，因此可以定义一个指针变量来保存指针变量的地址，也就是多级指针。多级指针就是指向指针数据的指针。

```
char **p;
```

上面的代码表示，定义了一个指向 char * 类型指针的指针变量 p。

如：

```
char c ='a';
char *p1 = &c;
char **p = &p1;
```

指针 p1 指向了字符变量 c 的地址，指针 p 指向了指针 p1 的地址。

```
printf("% x\n", &c);
printf("% x\n", p1);
printf("% x\n", &p1);
printf("% x\n", p);
```

代码解析：

上述代码的第一行输出的是变量 c 的地址，第二行输出的是指针 p1 的值，第三行输出的是指针变量 p1 的地址，第四行输出的是指针 p 的值。

【例 7-8】使用多级指针输出例 7-7 中的名称。

程序清单

```c
void main()
{
    char *name[] = {"C++","JAVA","Python","Perl"};
    char **p = NULL;
    for(int i = 0;i < 4;i ++)
    {
        p = name+i;
        printf("%s\n",*p);
    }

}
```

运行结果如图 7-15 所示。

图 7-15　多级指针运行结果

代码解析：

指针变量 p 指向 char * 型数据，因此 p 是一个指向字符变量的指针。

7.3　指针与函数

7.3.1　指针型函数

函数的类型可以有整型、字符型、void 型等，同样地，函数的类型也可以是指针类型。声明为指针类型的函数就叫指针型函数。

指针型函数的声明如下：

类型名 * 函数名(参数列表)

如：

int * max(int a,int b);

定义一个指向 int 型指针的函数 max。函数的返回值为一个指向 int 型数据的指针。假如接收这个返回值，必须定义指向 int 的指针变量，int * p = max(a,b)。

> **注意**
> 要注意区别指针型函数和函数指针。这两者很容易混淆。

函数指针的定义格式如下：

类型名（*指针变量名）(参数)

如：

void（*p）()；

定义了一个指向 void( )类型的函数的指针 p。

> **注意**
> 要注意指针函数和函数指针的区别：
> （1）本质不同。指针函数的本质是一个函数，只是这个函数的返回类型是一个指针；函数指针的本质是一个指针变量，其指向的是一个函数的入口。
> （2）定义形式不同。指针函数的定义形式中，指针符号*可以和指针类型写在一起，也可以和函数名写在一起；函数指针的定义中，*必须和指针变量名在一起，且需加小括号()。

7.3.2 用函数指针调用函数

在第 5 章中，学习了调用函数的一种方法：使用函数名调用函数。在这一节里，将介绍另外一种调用函数的方法，即使用指向函数的指针变量来调用函数。

上一节中，学习了函数指针的声明方法：

类型名（*指针变量名）(参数)

那么怎么使用函数指针呢？首先要清楚，定义指向函数的指针变量，并不是说这个指针变量可以指向任意函数，它只能指向在定义时指定类型的函数。如 void（*p）()，表示指针变量 p 只能指向函数返回值为 void 且无参数的函数。

其次，指针变量具体指向哪个函数，要看在程序中怎么去给它赋值。在同一个程序中，一个指针变量可以先后指向同类型的不同函数。

再次，在使用函数指针调用函数之前，必须使指针变量指向该函数。如 p = max，把 max 函数的入口地址赋给了指针变量 p。

最后，在调用函数时，只需将函数名调用中的函数名用（*p）替代，后面的参数列表写上实参即可。

【例 7 - 9】用函数指针调用函数，求整数 a 和 b 中的最大值。

程序清单

```
#include "stdio.h"
int max(int x,int y)
{
    int m;
```

```
    if(x > y) m = x;
    else m = y;
    return m;
}

void main()
{
    int a = 8;
    int b = 9;
    int (*p)(int,int);
    p = max;
    int c = (*p)(a,b);
    printf("a=%d,b=%d,Max=%d\n",a,b,c);
}
```

运行结果如图 7-16 所示。

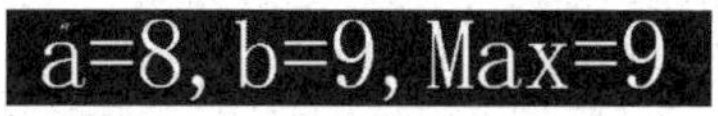

a=8, b=9, Max=9

图 7-16 函数指针调用函数

代码解析：

可以看到，在使用指针调用函数之前，先将要调用函数的地址赋值给指针变量 p = max。

7.3.3 用指向函数的指针作函数参数

在一个函数体内，若需要调用另一个函数，可以直接使用函数名调用，也可以通过指向函数的指针变量，将指针变量作为参数传递给函数。这样就可以在函数内部通过指向函数的指针变量来调用函数。

如：

```
void  fun1(int x);
void  fun2(int x);
void  fun(void(*p)(int));
```

如果要在 fun 函数中使用 fun1、fun2，只需要在使用之前，将 fun1、fun2 的地址赋给指针变量 p 即可。这种调用函数的方式，对比直接使用函数名调用，更为灵活。只需修改指针变量 p 的指向即可在 fun 函数内部调用不同的函数，而不需要修改 fun 函数本身的代码。

【例 7-10】有两个整数 a 和 b，用户输入 1，2，3 来控制不同的功能：如输入 1，则返回 a 和 b 中的最大值；输入 2，则返回 a 和 b 中的最小值；输入 3，则返回 a 和 b 的和。

程序清单

```c
#include "stdio.h"

int max(int x,int y)
{
    int m;
    if(x > y) m = x;
    else m = y;
    printf("max = ");
    return m;
}

int min(int x,int y)
{
    int m;
    if(x > y) m = y;
    else m = x;
    printf("min = ");
    return m;
}

int add(int x,int y)
{
    int sum = x + y;
    printf("sum = ");
    return sum;
}

void fun(int x,int y,int (*p)(int,int))
{
    int result = (*p)(x,y);
    printf("%d\n",result);
}

void main()
{
    int a = 8;
    int b = 9;
    int n = 0;
    printf("Please choose 1 or 2 or 3:");
    scanf("%d",&n);
```

```
        if(n = = 1) fun(a,b,max);
        if(n = = 2) fun(a,b,min);
        if(n = = 3) fun(a,b,add);
}
```

输入的值不同，结果不同，如图 7 – 17 ~ 图 7 – 19 所示。

输入 1：

```
Please choose 1 or 2 or 3:1
max = 9
```

图 7 – 17　输入 1 运行结果

输入 2：

```
Please choose 1 or 2 or 3:2
min = 8
```

图 7 – 18　输入 2 运行结果

输入 3：

```
Please choose 1 or 2 or 3:3
sum = 17
```

图 7 – 19　输入 3 运行结果

代码解析：

例 7 – 10 中的代码的关键地方在于，声明函数 fun 时，其第三个参数声明为指向函数的指针。在使用 fun 函数时，该指针根据接收到的参数不同而指向了不同的函数，从而在 fun 函数中可以实现调用多个函数的目的。

7.3.4　带参数的 main 函数

main 函数可以不带参数，也可以带参数，这个参数可以认为是 main 函数的形式参数。C 语言规定 main 函数的参数只能有两个，习惯上这两个参数写为 argc 和 argv。因此，main 函数的函数头可写为：

```
main(argc,argv)
```

C 语言还规定 argc（第一个形参）必须是整型变量，argv（第二个形参）必须是指向字符串的指针数组。加上形参说明后，main 函数的函数头应写为：

```
main(int argc,char *argv[])
```

由于 main 函数不能被其他函数调用，因此不可能在程序内部取得实参。那么，在何处把实参值赋予 main 函数的形参呢？实际上，main 函数的参数值是从操作系统命令行上获得的。在 Linux 或者 DOS 等操作系统的命令行模式下，通过命令将实参传递给 main 函数的形参列表。

命令行的一般形式为：

可执行文件名 参数1 参数2 …参数 n；

这里的可执行文件名指的是 C 程序的可执行文件名，文件名和各参数之间用空格分隔。应该特别注意的是，main 的两个形参和命令行中的参数在位置上不是一一对应的。因为，main 的形参只有两个，而命令行中的参数个数原则上未加限制。argc 参数表示了命令行中参数的个数（注意：文件名本身也算一个参数），argc 的值是在输入命令行时由系统按实际参数的个数自动赋予的。

例如，有命令行为：

$ E24 BASIC foxpro FORTRAN

由于文件名 E24 本身也算一个参数，所以共有 4 个参数，因此，argc 取得的值为 4。argv 参数是字符串指针数组，其各元素值为命令行中各字符串（参数均按字符串处理）的首地址。指针数组的长度即为参数个数。数组元素初值由系统自动赋予。其表示如图 7 – 20 所示。

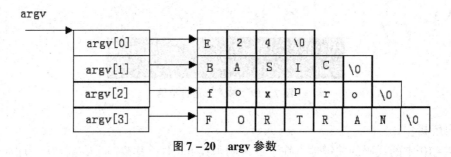

图 7 – 20 argv 参数

【例 7 – 11】显示命令行中输入的参数。

程序清单

```
int main(int argc,char *argv[])
{
  while(argc > 1)
  {
    argc - -;
    ++argv;

    printf("%s\n",*argv);
  }
}
```

运行结果如图 7 – 21 所示。

```
$ 7.11 perl python c java
perl
python
c
java
```

图 7-21　显示命令输入参数

程序说明：

该命令行共有 5 个参数，执行 main 时，argc 的初值即为 5。argv 的 5 个元素分为 5 个字符串的首地址。执行 while 语句时，每循环一次，argv 值减 1，当 argv 等于 1 时，停止循环，共循环 4 次，因此，共可输出 4 个参数。在 printf 函数中，打印项 * argv 是取出当前 argv 指向的字符串内容，故第一次打印的是 argv[1] 所指的字符串 BASIC。第二、三、四次循环分别打印后三个字符串。

7.4　动态分配内存

7.4.1　内存的动态分配

在任何程序设计环境及语言中，内存管理都十分重要。在目前的计算机系统或嵌入式系统中，内存资源仍然是有限的。因此，在程序设计中，有效地管理内存资源是程序员首先需要考虑的问题。

一段程序在运行过程中，代码是要加载到内存中才能被执行的。内存的逻辑地址空间内，又分为栈区和堆区。栈区（stack），由编译器自动分配释放，存放函数的参数值、局部变量的值等。堆区（heap），用于动态内存分配，一般由程序员分配和释放，若程序员不释放，程序结束时有可能由 OS 回收。

在 C 语言中，对象可以使用静态或动态的方式分配内存空间。静态分配是由编译器在处理程序源代码时分配。动态分配是程序在执行时调用内存分配函数申请分配。

静态内存分配是在程序执行之前进行的，因而效率比较高，而动态内存分配则可以灵活地处理未知大小的内存申请需求。

静态与动态内存分配的主要区别如下：

（1）静态对象是有名字的变量，可以直接对其进行操作；动态对象是没有名字的变量，需要通过指针间接地对它进行操作。

（2）静态对象的分配与释放由编译器自动处理；动态对象的分配与释放必须由程序员显式地管理，它通过 malloc( ) 和 free 两个函数（C++ 中为 new 和 delete 运算符）来完成。

7.4.2 动态内存分配函数

C 语言中使用 malloc/free 函数来完成内存的动态申请和释放。malloc( ) 函数用来在堆中申请内存空间，free( ) 函数释放原先申请的内存空间。

1. malloc 函数

malloc( ) 函数是在内存的动态存储区中分配一个长度为 size 字节的连续空间。其参数是一个无符号整型数，返回一个指向所分配的连续存储域的起始地址的指针。当函数未能成功分配存储空间时（如内存不足），返回一个 NULL 指针。

函数定义如下：

```
void *malloc(size_t  size)    //返回类型为空指针类型
```

如：

```
int *p1,*p2;
p1 =(int *)malloc(10 *sizeof(int));
p2 =p1;
```

malloc( ) 函数申请了 10 个 int 大小的内存空间，空间大小为 10 × 4 = 40 字节。malloc( ) 函数返回值是一个 void 类型的指针，因此赋值给 p1 之前要对其进行强制类型转换，转换为指向 int 的指针。

2. free 函数

由于内存区域总是有限的，不能无限制地分配下去，并且程序应尽量节省资源，所以，当分配的内存区域不用时，则要释放它，以便其他的变量或程序使用。释放内存的函数为 free，其定义如下：

```
void free(void *ptr)
```

使用 free( ) 函数时，需要特别注意下面几点：

（1）调用 free( ) 释放内存后，不能再去访问被释放的内存空间。内存被释放后，很有可能该指针仍然指向该内存单元，但这块内存已经不再属于原来的应用程序，此时的指针为悬挂指针（可以赋值为 NULL）。

（2）不能两次释放相同的指针。因为释放内存空间后，该空间就交给了内存分配子程序，再次释放内存空间会导致错误。也不能用 free 来释放非 malloc( )、calloc( ) 和 realloc( ) 函数创建的指针空间，在编程时，也不要将指针进行自加操作，使其指向动态分配的内存空间中间的某个位置，然后直接释放，这样也有可能引起错误。

（3）在进行 C 语言程序开发中，malloc/free 是配套使用的，即不需要的内存空间都需要释放回收。

3. realloc 函数

realloc( ) 函数用来从堆上分配内存，当需要扩大一块内存空间时，realloc( ) 试图直接从堆上当前内存段后面的字节中获得更多的内存空间，如果能够满足，则返回原指针；如果当前内存段后面的空闲字节不够，那么就使用堆上第一个能够满足这一要求的内存块，将目前

的数据复制到新的位置,而将原来的数据块释放掉。如果内存不足,重新申请空间失败,则返回 NULL。函数定义如下:

```
void *realloc(void *ptr,size_t size)
```

参数 ptr 为先前由 malloc、calloc 和 realloc 所返回的内存指针,而参数 size 为新配置的内存大小。

当调用 realloc( ) 函数重新分配内存时,如果申请失败,将返回 NULL,此时原来指针仍然有效,因此,在编写程序时需要进行判断,如果调用成功,realloc( ) 函数会重新分配一块新内存,并将原来的数据复制到新位置,返回新内存的指针,而释放掉原来指针(realloc( ) 函数的参数指针)指向的空间,原来的指针变为不可用(既不需要再释放,也不能再释放),因此,一般不使用以下语句来更新已经配置的内存空间:

```
ptr = realloc(ptr,new_amount)
```

7.4.3 void 指针类型

void 的字面意思是"无类型",void * 则为"无类型指针",但是 void * 并不是指向任何类型的数据,而是指向空类型或者无类型。在将它指向具体的变量类型之前,void 型指针没有一个明确的指向。

```
int *pint;
void *pvoid;
pvoid = pint; /* 不过不能 pint = pvoid; */
```

如果要将 pvoid 赋给其他类型指针,则需要强制类型转换如:pint = (int *) pvoid;void 的作用:

(1) 对函数返回的限定。当函数不需要返回值时,必须使用 void 限定。

如:

```
void func(int, int);
```

(2) 对函数参数的限定。当函数不允许接受参数时,必须使用 void 限定。

如:

```
int func(void)
```

(3) 由于 void 指针是指向空类型的数据,亦即可用任意数据类型的指针对 void 指针赋值,因此,还可以用 void 指针来作为函数形参,这样函数就可以接受任意数据类型的指针作为参数。

如:

```
void * memcpy( void *dest, const void *src, size_t len );
void * memset( void * buffer, int c, size_t num );
```

【例 7-12】建立动态数组,输入 5 个学生的成绩,并检查其中有无低于 60 分,输出不及格的成绩。

程序清单

```c
#include "stdio.h"
#include "stdlib.h"
void check(int *p)
{
    int i;
    printf("They are fail:");
    for(i = 0;i < 5;i ++)
        if(p[i] < 60) printf("% d ",p[i]);
    printf("\n");
}
int main()
{
    int *p1,i;
    p1 = (int *)malloc(5 * sizeof(int));
    for(i = 0;i < 5;i ++)
        scanf("% d",p1 + i);
    check(p1);
    free(p1);
    return 0;
}
```

运行结果如图 7 – 22 所示。

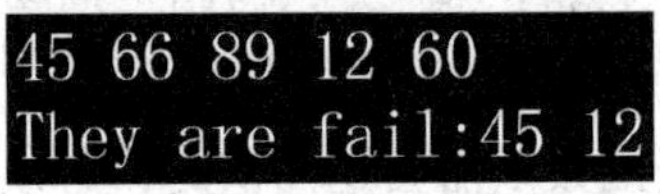

```
45 66 89 12 60
They are fail:45 12
```

图 7 – 22　动态数组输出结果

代码解析：

在程序中没有定义数组，而是使用了 malloc 函数动态分配了内存空间来存储输出的学生成绩。调用 malloc 函数的返回值是 void * 型，把它赋值给 p1 时对其进行强制类型转换。调用 check 函数时，将指向动态存储区域的指针 p1 传递给 check 函数，因此，可以使用 check 函数的形参对申请的动态内存区域进行操作。最后，调用 free 函数释放申请的内存空间。

7.5　指针综合案例

指针类型一般不单独应用，往往与结构类型和数组联合使用，以实现某些领域的应用程序。

案例 1：学生档案信息管理系统

【问题描述】以学生档案信息管理中的学生档案信息表为例，说明指针类型的应用与实现。

【编程思路】为应用指针类型建立学生档案信息表,可建立学生档案信息链表,如图 7 – 23 所示。

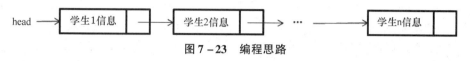

图 7 – 23　编程思路

其中,每个节点由两部分组成:一部分是学生档案信息,包括学生的学号、姓名、性别、出生日期等信息;另一部分是链接信息,也就是指向下一个学生档案信息结点的指针,最后一个结点的链接信息为空指针,不再指向任何结点。

那么如何建立这样的链表呢?基本思路如下:

(1) 首先建立头结点,由指针类型变量 head 指向此结点,由头结点指向学生档案信息链表。

(2) 为了重复建立结点,引入指针类型变量 last,它的初始值是 head。每次建立一个新结点,就把新结点链接到 last 所指向的结点后面,并让 last 指向该新结点。

(3) 调用内存分配函数 malloc 建立结点。

定义学生档案信息的结点,使用 struct 结构体。定义如下:

```
struct StudentType
{
    int   number;                          //序号
    char numOfStudent[14];   //学号
    char sex;    //性别,男:'M',女:'F'
    struct //年月结构,保存出生年月,入学年月
    {
      int year;
      int month;
    }Birthday,EnrolDay;
char dept[20];                          //系别
char speciality[20];//专业
char class[10];//班级
struct StudentType *next;//指向下一个结点的指针
}student;
```

利用指针来建立链表,写出如下程序:

```
void main()
{
    //定义指向头结点和下一个结点的指针
    struct StudentType *head,*last;
    char c;
    //建立头结点
```

```
    head = (struct StudentType *)malloc(sizeof(struct StudentType));
    //将last指向head,当前链表仅一个头结点
    last = head;
    while(1)
    {
        //建立新结点,并将其链接到last指针的next指向位置
        last->next = (struct StudentType *)malloc(sizeof(struct StudentType));

        //将last指针指向新结点,表示新结点当前是链表的最后结点
        last = last->next;
        //设置结点中的数据
        setData(last);
        printf("继续?(输入y或n): ");
        scanf("%c",&c);
        if(c=='n'||c=='N')
            break;
    }
    //链表最后的结点的last指针不指向任何结点
    last->next = NULL;
}
```

在 main 函数中调用了 setData 函数去设置结点中的数据,即学生的信息。设置学生信息的函数代码如下。

```
void setData(struct StudentType *p)
{
    char c;
    printf("录入学生档案信息\n");
    do{
        printf("请输入学号: ");
        scanf("%s",p->numOfStudent);
        printf("\n请输入姓名: ");
        scanf("%s",p->name);
        printf("\n请输入性别(男:M,女:F): ");
        scanf("%c",&(p->sex));
        printf("\n请输入出生年月: ");
        scanf("%d%d",&(p->Birthday.year),&(p->Birthday.month));
        printf("\n请输入入学年月: ");
        scanf("%s",&(p->EnrolDay.year),&(p->EnrolDay.month));
        printf("\n请输入系列: ");
        scanf("%s",p->dept);
```

```
            printf("\n请输入专业:");
            scanf("%s",p->speciality);
            printf("\n请输入班级:");
            scanf("%s",p->class);
            printf("\n确认(Y or N):");
            scanf("%c",&c);
            //确认时,退出循环,不再输入
            if(c=='Y'||c=='y')
                break;
    }while(1);
}
```

本案例中使用了 struct 结构体这一数据类型。用结构体来存储如学生信息这样的复杂数据,更为便利。结构体 struct 的更多内容在下一章详细介绍。

7.6 本章小结

本章介绍了 C 语言中最为重要也最难懂的指针。
(1) 需要弄清楚指针的含义,要区别开指针和指针变量。
(2) 要理解指针是怎么指向其他变量的。
(3) 掌握对连续的内存区域操作时指针的运算。
(4) 掌握使用指针来调用函数。
(5) 掌握使用指针来动态地管理内存。

7.7 习　　题

一、选择题

1. 若有变量说明 int year = 2016,*p = &year;,以下不能使变量 year 的值增加至 2017 的是(　　)。
   A. *p+=1;   B. (*p)++;
   C. ++(*p);   D. *p++;

2. 设有变量说明 double a[10],*s;s=a。以下能够代表数组元素 a[3]的是(　　)。
   A. (*s)[3]   B. *(s+3)
   C. *s[3]   D. *s+3

二、程序题

1. 以下程序运行后的输出结果是_____。

```
#include <stdio.h>
void f(int *p);
void main()
{   int a[5] = {1,2,3,4,5};
    int *r = a;
    f(r);
    printf("%d\n",*r);
}
void f(int *p)
{   p = p+3;
    printf("%d,",*p);
}
```

2. 以下程序运行后的输出结果为_____。

```
#include <stdio.h>
#include <stdlib.h>
#include <strings.h>
void main()
{   char *p;
    int I;
    p = (char*)malloc(sizeof(char)*20);
    p = "Hello World!";
    for(i=11;i>=0;i--)
        putchar(*(p+i));
    printf("\n");
    free(p);
}
```

3. 若有程序段 int a[10],*p,*q; p=a;q=&a[5];，则表达式 q-p 的值是_____。
4. 以下程序的功能是借助指针变量找出数组元素中的最大值及相应元素的下标，分析程序，补充代码。

```
#include <stdio.h>
void main()
{   int a[10],*p,*s;
    for(p=a;p-a<10;p++)
        scanf("%d",p);
    for(p=a,s=a;p-a<10;p++)
        if(*p>*s)
            s=_____;
    printf("index=%d\n",s-a);
}
```

三、编程训练

1. 编写函数，反转数组元素所在的位置。也就是说，最末的元素变成第一个，倒数第二个变成第二个，依此类推。函数必须仅接受一个指针值，并写 main 函数进行测试。

2. 输入 3 个整数，按从小到大的顺序输出。

3. 编写程序，输入一个十进制的正整数，将其对应的八进制数输出。

4. 用指针方法编写一个程序，输入 3 个字符串，将它们按从小到大的顺序进行排列，并删除重复的字符。

5. 不使用额外的数组空间，将一个字符串按逆序重新存放。例如，原来的存放顺序是"abcde"，现在是"edcba"。

6. 编写一个函数，实现十进制到十六进制的转换，在主函数中输入十进制并输出相应的十六进制的数。

7. 有 n 个人围成一圈，顺序排号，从第 1 个人开始从 1 到 m 报数，凡数到 m 的人出列，问最后留下的是原来圈中第几号的人员。

8. 设二维整数数组 da [4] [3]，试用数组指针的方法，求每行元素的和。

第 8 章

构造数据类型

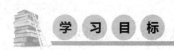

- 能了解结构体数据类型
- 掌握结构体的定义与使用
- 掌握结构体类型指针的定义与引用
- 了解联合体数据类型
- 了解枚举类型

本章重点
- 结构体定义
- 结构体的赋值
- 结构体指针的定义与引用
- 枚举数据类型
- 联合体数据类型

本章难点
- 结构体指针的定义与应用
- 枚举数据的定义与应用

在第 2 章中介绍了 C 语言中基本数据类型的定义。在 C 语言中,除了可以定义和使用这些基本的数据类型外,还可以定义和使用构造类型的数据。其中数组就属于构造类型的数据类型,数组中的每一个元素都有相同的数据类型,当处理大量同类型的数据时,利用数组很方便。但在处理实际问题时,经常会遇到将若干不同类型的数据项组合在一起作为一个整体来进行处理的情况,例如,在对学生信息进行处理时,一个学生的数据可能包括学号、班级、专业、姓名、年龄、性别、成绩等多个成员,各个成员之间的数据类型不同,显然不能用一个数组来存放这些数据。在 C 语言中可以允许用户定义一个构造的数据类型,称为"结构"或"结构体"。

本章主要介绍定义和使用结构体、共用体和枚举三种数据类型。

8.1 结构体

一个二维表是由表头和表的内容组成的。表头是由不同数据类型的数据组合而成的数据整,如表 8-1 中的学号、班级、姓名、性别、年龄等这一行数据中,年龄用整数数据类型,班级、姓名、性别等用字符或字符串数据类型。在 C 语言中,把这种结构称为结构体,结构体类型中所包含的数据元素称为成员,如学号、姓名等。表内容中的每一条记录在 C 语言中称为结构体变量,因此,使用结构体可以方便记录每个学生的信息。

表 8-1 学生学籍表

学号	班级	姓名	性别	年龄	数学	英语	平均分
100	1691001	周清	男	18	85	90	88

8.1.1 结构体的定义

结构体是由不同数据类型的相关数据组成的一种集合体,构成结构体的数据称为结构体成员(或称为结构体的元素)。与数组不同的是,数组内的所有元素具有相同的数据类型,而结构体中的多个结构成员可以具有不同的数据类型。结构体可以包含任何数据类型的成员,包括数组或者其他结构体。

在程序中要处理表,就要使用结构体。首先要对表头的组成进行描述,这个描述过程在 C 语言中称为结构体的定义,用来说明表的名称及表头中含有哪些成员、这些成员是什么数据类型的。其定义形式为:

```
struct [结构体名]
{
    成员列表;
};
```

其中 struct 是关键字,是必选项,不能省略;结构体名必须是合法的标识符,结构体名可以省写;成员列表的形式与简单的变量声明形式相同;因为结构体的定义本身是一条 C 语句,所以必须以分号结尾;这样一张表的表头就建立好了。

如在 C 语言中要建立表 8-1 的表头,应定义如下面的结构体类型。

程序清单

```
struct student
{
        int num;                //定义学号
        char name[10];          //定义姓名
        char class[15];         //定义班级名称
        char sex;               //定义性别
int age;                        //定义年龄
        float math;             //定义数学成绩
        float english;          //定义英语成绩
        float avg;              //定义平均成绩
}
```

将表 8-1 的表头转化为表 8-2 的形式在内存中存放。

表 8-2 用结构体定义学生学籍表

num	class	name	sex	age	math	english	avg

在表 8-2 中,如果把 age(年龄)改为出生日期,要求建立 8-3 的表头,那么在 C 语言中如何定义呢?从表头的结构中可以看出,词表的结构体类型中,成员的"出生日期"既是结构体变量,也是结构体类型,因此,C 语言规定结构体类型可以嵌套定义,见表 8-3。

表 8-3 用结构体嵌套定义学生学籍表

num	class	name	sex	birthday			math	english	avg
				year	month	day			

变换后的学生表的表头用 C 语言定义如下。

程序清单

```
struct student
{
    int num;              //定义学号
    char name[10];        //定义姓名
    char class[15];       //定义班级名称
    char sex;             //定义性别
    struct date
    {
        int year;
        int month;
        int day;
    }birthday;
    int age;    //定义年龄
    float math;           //定义数学成绩
    float english;        //定义英语成绩
    float avg;            //定义平均成绩
}
```

或者

```
struct date
{
   int year;
   int month;
   int day;
};
struct student
```

```
    int num;              //定义学号
    char name[10];        //定义姓名
    char class[15];       //定义班级名称
    char sex;             //定义性别
    struct date birthday;
    int age;              //定义年龄
    float math;           //定义数学成绩
    float english;        //定义英语成绩
    float avg;            //定义平均成绩
}
```

【例 8-1】平面坐标图上的每一个坐标点都可以用 x 值和 y 值表示,前者指定水平坐标位置,后者指定垂直坐标位置。为了完整地定义一个坐标点,可以定义一个包含 x 和 y 的 coordinate 结构体。

```
struct coordinate{
    int x;
    int y;
};
```

例 8-1 中结构体 coordinate 的定义并不会创建一个实际的结构体实例,换句话说,它还没有声明任何具有这种构造形式的变量。

【例 8-2】定义贷款为结构体,包括贷款银行、贷款、贷款周期等成员,见表 8-4,数据类型分别为:贷款银行为字符类型,贷款为单精度类型,贷款日期为整型。

表 8-4 定义一个贷款为结构体

| 贷款银行 | 贷款 | 贷款周期 |
| Bank | Loan | date |

```
struct   Leading
{
    char Bank[20];        //定义贷款银行
    float Loan;           //定义贷款金额
    int date;//定义贷款周期
}
```

在结构体类型定义中可以递归定义,即成员的数据类型就是结构体类型。

定义链表时,嵌套在结构体中的类型就是整个结构体的类型。例如,链表节点的定义:

```
struct   Leading
{
    float Loan;           //定义贷款金额
    struct Leading *next;        //定义贷款周期
}
```

> **注意**
> 定义一个结构体,实际上是定义一个含有指定的内部结构形式的新的数据类型,可以将结构体理解为是用其他类型的变量构造出来的派生数据类型。

8.1.2 结构体变量的声明

利用结构体类型的定义可以完成表头的创建,接下来要构建表的内容。在 C 语言中对表内容的构建是通过声明结构体变量来完成的,每一个结构体变量代表表中的一行记录。在 C 语言中,结构体变量的声明有三种方式。

(1)先定义结构体类型,再声明结构体变量。

声明格式: 结构体类型名 变量名列表;

如:

struct student stu1,stu2;

"struct student" 如同用 int 来声明变量一样,这样 student 表就构建了两条空的记录,形成了表 8-5 的形式。

表 8-5 声明两个 student 结构体

	num	class	name	sex	year	month	day	math	english	avg
stu1										
stu2										

(2)在定义结构体类型的同时声明结构体变量。

声明格式: struct 结构体名
{
　　成员项列表;
}变量名列表;

【例 8-3】定义学生表结构体,并同时声明结构体变量。

程序清单

```
struct student
{
    int num;              //定义学号
    char name[10];        //定义姓名
    char class[15];       //定义班级名称
    char sex;             //定义性别
    int age;              //定义年龄
    float math;           //定义数学成绩
    float english;        //定义英语成绩
    float avg;            //定义平均成绩
}stud1,stud2;
```

以上定义学生结构体类型可以继续声明其他的结构体变量或指针。
如：

```
sturct student s,*p,*q;
```

（3）直接声明无名结构体变量。

```
申明格式: struct
         {
             成员项列表；
         }变量名列表；
```

【例 8-4】定义无名学生表结构体，并同时声明结构体变量。

程序清单

```
struct
{
        int num;              //定义学号
        char name[10];        //定义姓名
        char class[15];       //定义班级名称
        char sex;             //定义性别
    int age;                  //定义年龄
        float math;           //定义数学成绩
        float english;        //定义英语成绩
        float avg;            //定义平均成绩
}stud1,stud2;
```

声明无名结构体时，没有结构名，即没有表名。在无名结构体类型定义结束的花括号后，直接声明变量列表，该类型不能继续定义其他的结构体变量或指针。

结构体变量所占的存储空间为各成员所占存储空间之和，结构体变量 stud1 所占的存储空间为：2+10+15+1+2+4+4+4=42 个字节。结构体变量各成员在内存中占用连续的存储单元，变量的首地址与第一个结构体变量成员的首地址相同。结构体变量 stud1 在内存中的存储形式如图 8-1 所示。

8.1.3　结构体变量的引用

在定义结构体变量后，就可以引用其成员了，引用结构体变量成员的一般形式为：

```
结构体变量名.成员名
```

其中，点号"."称为成员运算符，它在所有的运算符中优先级最高。如在前面定义 stud1，stud2 中，其成员的引用形式如下：

```
stud1.age;          /*第一个的年龄*/
stud2.math;         //引用数学成绩
```

当引用结构体变量时，应注意以下几点：

（1）不能将一个结构体变量作为一个整体进行输入、输出。

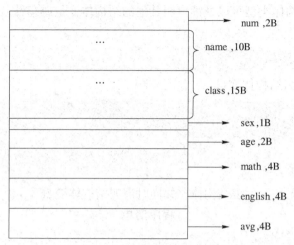

图 8-1 结构体变量的存储结构

【例8-5】结构体的输出：

> printf("% d,% s,% s,% s,% f,% f,% f",stud1);

该语句是错误的，应对结构体变量中的各个成员分别进行输入、输出，应改为：

> printf("% d,% s,% s,% s,% f,% f,% f",
> stud1.num,stud1.name,stud1.class,stud1.sex,stud1.age,stud1.math,stud1.english,
> stud1.avg);

（2）如果成员本身也是一个结构体类型，则要用若干个成员运算符逐级找到最低一级的成员才能引用。例如 stud1.birthday.year，不能使用 stud1.birthday 进行引用。

（3）对成员变量可以像普通变量一样进行各种运算。例如 sum = stud1.math + stud2.math，如果要给变量赋值，如 stud1.name = "张三"，是错误的，应改为 strcpy(stud1.name,"张三");。两个类型相同的结构体变量（使用同一个结构体名定义）可以相互赋值。

【例8-6】结构体的赋值：

> canf("% d",&stud1.age);   // 输入 stud1.age 的值
> printf("% o",$stud1);   // 输出 stud1 的地址

8.1.4 结构体变量的初始化

结构体变量与其他类型的变量一样，在定义时指定初始值。

【例8-7】结构体变量在定义时赋值。

```
#include <stdio.h>
main()
{
    struct stu
    {
```

```
        int num;
        char name[20];
        char sex;
        int age;
        float score;
    }stud1,stud2 = {102,"zhangsan",'M',20,78};
    stud1 = stud2;
    printf("Number:% d\n Name:% s\n",stud1.num,stud2.num);
     printf ( " Sex:% c \ nage:% d \ nScore:% 4.1f \ n",stud1.sex,stud1.age,stud1.score);
    }
```

程序运行结果如下：

```
Number:102
Name:Zhang san
Sex:Mr
Age:20
Score:78
```

代码解析：

对结构体变量 stud1 作了初始化赋值，然后把 stud1 的值整体赋予 stud2，最后用 printf 函数输出 stud1 各成员的值。

8.1.5 结构体数组的应用

一个结构体变量只能存储一个学生的相关信息。如果要存储一个班的学生的信息，很自然地会想到数组，这就是结构体数组。

结构体数组的每一个元素都是结构体类型的数据类型；每个结构体变量均含结构体类型的所有成员。

(1) 结构体数组的定义与结构体变量类似，只需说明其为数组即可。

```
stuct    结构体类型名
    {
    数据类型 成员1；
    数据类型 成员2；
    …
    数据类型 成员n；
    };
stuct 结构体类型名  数组名[数组长度]；
```

(2) 结构体数组元素也是通过数组名和小标来引用的。

结构体数组元素是通过数组名和下标来引用的，但其元素是结构体类型的变量，因此，对结构体数组元素的引用与对结构体变量的引用一样，也是逐级引用的，只能对最底层的成员进行存取和运算。

一般引用的形式为：

数组名[下标].成员名

【例 8-8】 一个学习小组有 N 名学生，学生的信息包含学号、姓名和语文、数学、英语 3 门成绩，从键盘上输入 N 名学生的信息，要求统计总成绩并显示总分最高的学生信息。

【题意分析】
①以学生的信息数据项为成员，定义结构体类型和相应的结构体数组。
②循环输入每个学生的信息，统计总成绩，存储在结构体中。
③循环比较，求出总分最高的学生并显示。

代码清单

```c
#include <stdio.h>
#define N 3      /*学生人数*/
struct student
{
    char iId[15];
    char chName[15];
    int iChinse,iMath,iEnglish;
    int iTotal;
}
void main()
{
    int i,iMax=0;
    struct student stStu[N]={{"06003","Tom",80,85,80},
                    {"06005","Alice",90,80,95},
                    {"06002","ELLEN",80,78,59}
    };


    for(i=0;i<N;i++)
    {
        stStu[i]:iTotal=stStu[i].iChinse+stStu[i].iMath+stStu[i].iEnglish;
    }
    for(i=0;i<N;i++)
    {
        if(stStu[i].iTotal>stStu[iMax].iTotal)
            iMax=i;
        printf("\n最好成绩学生信息在\n");
printf("%s,%s,%d,%d,%d,%d",stStu[iMax].iId,stStu[iMax].chName,stStu[iMax].iChinse,stStu[iMax].iMath,stStu[iMax].iEnglish,stStu[iMax].iTotal);
        getch();
    }
}
```

代码分析：

①结构体数组的引用要考虑其数组和结构体两个方面的特征，所以，要在数组元素中再引用到成员一级，如 stStu[iMax].iTotal，所以 stStu[i].chName 表示第 i 个学生的姓名。

②与结构体变量定义相似，结构体数组的定义也分为直接定义和间接定义两种方法，只需说明为数组即可。

③与普通数组一样，结构体数组也可以在定义时进行初始化，其方法是在定义结构体数组之后紧跟等号和初始化数据。其一般形式是：

```
struct  结构体类型  结构体数组名[n] = {{初始值1},{初始值2},{初始值3}};
```

对结构体数组进行初始化时，类似于数组初始化，根据默认原则也可以省略方括号中表示数组长度的项。由于结构体是由不同类型的数组组成的，所以要特别注意初始化数据的顺序、类型与结构体类型说明时相匹配。如两个学生：

```
struct   student
stStud2[] = {"05002","Jack",100,70,80,"05003","Jimmy",70,80,90};
```

或

```
struct   student
stStud2[] = {{"05002","Jack",100,70,80},{"05003","Jimmy",70,80,90}};
```

8.1.6　结构体在函数中的应用

结构体变量作为一个整体可以传递给函数并由函数返回，作为函数参数时，形参、实参都应是结构体类型，返回值为结构体类型时，函数应定义为结构体类型，声明方式如下：

```
struct  结构体类型  函数名(结构体类型参数1,结构体类型参数2);
```

如无返回值，则函数定义为 void。

> **注意**
> 结构体作函数参数可分为传值与传指针。

1. 结构体作为函数参数进行传值

结构体作为函数参数进行传值时，结构体会被复制一份，在函数体内修改结构体参数成员的值，实际上是修改调用参数的一个临时复制的成员的值，这不会影响到调用参数。在这种情况下，由于涉及结构体参数的复制，程序空间及时间效率都会受到影响，所以这种方法基本不用。

【例 8-9】结构体作为参数传值。

程序清单

```
struct   tagSTUDENT{
    char name[20];
    int age;
    }STUDENT;
```

```c
void fun(STUDENT stu)
{
printf("stu.name=%s,stu.age=%d\n",stu.name,stu.age);
}
```

2. 结构体作为函数参数进行传指针

结构体作为函数参数传指针时,直接将结构体的首地址传递给函数体,在函数体中通过指针引用结构体成员,可以对结构体参数成员的值造成实际影响。这种用法效率高,经常采用。

【例 8-10】结构体作为函数参数传指针。

```c
struct tagSTUDENT{
    char name[20];
    int age;
}STUDENT;
void fun(STUDENT * pStu)
{
printf("pStu->name=%s,pStu->age=%d\n",pStu->name,pStu->age);
}
```

8.2 共用体

在进行某些算法的 C 语言编程的时候,需要使几种不同类型的变量存放到同一段内存单元中。也就是使用覆盖技术,几个变量互相覆盖。这种几个不同的变量共同占用一段内存的结构,在 C 语言中,被称作"共用体"类型结构,简称共用体。

8.2.1 共用体变量的定义

1. 共用体概念

共用体就是使几个不同的变量共占同一段内存的结构,称为"共用体"类型的结构。共用体类型是一种松散的组合类型,就是将若干不同的数据类型进行组合,使共用体构造成一种新的数据类型。共用体类型中包含若干成员,成员类型就是共用体类型。

2. 定义共用体类型变量

```
union 共用体名
    {
        成员表列
    }变量表列;
```

【例 8-11】共用体声明。

程序清单

```
union data
{
    int I;
    char ch;
    float f;
}a,b,c;
```

3. 共用体和结构体的比较

（1）结构体变量所占内存长度是各成员占的内存长度之和。每个成员分别占其自己的内存单元。

（2）共用体变量所占的内存长度等于最长的成员的长度。

8.2.2 共用体变量的赋值和引用

由于共用体类型是可变的，因此，在 C 语言程序中不能直接引用共用体类型变量，只能引用共用体类型变量的某个成员，其具体引用格式为：共用体类型变量名.成员名。

共用体是内存单元共用，各成员共用同一个连续的存储区域，共用体类型变量的地址也是其成员的共同地址。

【例 8 - 12】共用体声明。

```
union common
{
    char a;
    int b;
    float c;
}x;
```

假定 &x 为 2001，那么，&x.a、&x.b 和 &x.c 均为 2001，其存储关系如图 8 - 2 所示。

图 8 - 2 共用体存储结构

尽管 x.a、x.b 和 x.c 所占内存单元个数不同，但其所占内存单元的起始地址是相同的。在某个具体时刻，各成员共用的存储空间只能存放一个具体成员，前面存放的成员将被后面存放的成员覆盖。可以这样理解：尽管共用体有若干个成员，但在某一个具体使用时刻，只能有一个成员起作用。

8.3 枚举

枚举是 C 语言中的一种基本数据类型，并不是构造类型，它可以用于声明一组常数。当一个变量有几个固定的可能取值时，可以将这个变量定义为枚举类型。

8.3.1 枚举类型的定义

1. 枚举类型的定义

一般形式为：
```
enum  枚举名 {
    枚举元素1,
    枚举元素2,
    … };
```

【例 8-13】枚举类型定义。

程序清单
```
enum Season {
spring,
summer,
autumn,
winter
};
```

2. 枚举变量的定义

前面只是定义了枚举类型，接下来就可以利用定义好的枚举类型定义变量。跟结构体一样，有 3 种方式定义枚举变量。

（1）先定义枚举类型，再定义枚举变量：

```
enum Season {spring, summer, autumn, winter};
enum Season s;
```

（2）定义枚举类型的同时定义枚举变量：

```
enum Season {spring, summer, autumn, winter} s;
```

（3）省略枚举名称，直接定义枚举变量：

```
enum {spring, summer, autumn, winter} s;
```

3. 枚举类型使用的注意事项

（1）C 语言编译器会将枚举元素（spring、summer 等）作为整型常量处理，称为枚举常量。

（2）枚举元素的值取决于定义时各枚举元素排列的先后顺序。默认情况下，第一个枚举元素的值为 0，第二个为 1，依此顺序。

【例 8-14】枚举元素的值。

```
enum Season {spring, summer, autumn, winter};
```

在实例 8-14 中,spring 的值为 0,summer 的值为 1,autumn 的值为 2,winter 的值为 3。
(3) 在定义枚举类型时改变枚举元素的值。
【例 8-15】在定义枚举时改变元素的值。

```
enum season {spring, summer = 3, autumn, winter};
```

在实例 8-15 中,没有指定值的枚举元素,其值为前一元素加 1。也就是说,spring 的值为 0,summer 的值为 3,autumn 的值为 4,winter 的值为 5。

8.3.2 枚举变量的基本操作

1. 枚举类型的赋值
在 C 语言中,可以给枚举变量赋枚举常量或者整型值。
【例 8-16】枚举元素赋值。

程序清单

```
enum Season {spring, summer, autumn, winter} s;
s = spring; //等价于 s = 0;
s = 3; //等价于 s = winter;
```

2. 遍历枚举元素
【例 8-17】枚举元素的遍历。

程序清单

```
enum Season {spring, summer, autumn, winter} s;
//遍历枚举元素
for (s = spring; s <= winter; s++) {
    printf("枚举元素:% d \n", s);
}
```

输出结果如图 8-3 所示。

```
枚举元素: 0
枚举元素: 1
枚举元素: 2
枚举元素: 3
```

图 8-3 枚举元素的遍历

8.4 自定义数据类型

C 语言中自定义数据类型,通常使用 typedef 关键字,typedef 关键字的作用是为数据类型起一个新名字。

8.4.1　typedef 自定义数据类型

typedef 自定义数据类型由 3 个部分组成，分别为关键字 typedef、原数据类型、新数据类型。

1. typedef 自定义数据类型

语法格式如下：

```
typedef 原数据类型 新数据类型
```

【例 8-18】自定义数据类型。

程序清单

```c
#include "stdio.h"
int main(void){
    /* typedef 原数据类型 新数据类型 */
    typedef char myChar;/*给字符类型起一个别名 */
    myChar c1 = 'c';/*使用自定义的数据类型(新数据类型)*/
    printf("c1 = %c\n", c1);/* printf 输出函数输出 */
    return 0;
}
```

代码解析：

代码的作用是给 char 取一个别名 myChar，之后使用 myChar 代替 char 定义字符变量 c1，c1 就是字符类型。

> **注意**
> 对于数据类型的别名定义，typedef 可以再次定义，也就是说，给别名再起一个别名。

【例 8-19】自定义数据类型。

程序清单

```c
#include "stdio.h"
int main(void){
    /* typedef 原数据类型 新数据类型 */
    typedef char myChar1;/*给字符类型起一个别名 myChar1 */
    typedef myChar1 myChar2;/*给别名再起一个别名 myChar2 */
    myChar2 c2 = 'c';/*使用自定义的数据类型(新数据类型)*/
    printf("c2 = %c\n", c2);/* printf 输出函数输出 */
    return 0;
}
```

代码解析：

第一个别名为 myChar1，第二个别名为 myChar2，程序中可以使用 myChar1 或 myChar2 替换掉 char。

2. typedef 的用途

(1) 简化复杂的类型声明。可以使用 typedef 将一个长的变量名用一个简短的变量名表示。例如，typedef unsigned long int LIU_t。

(2) 提高维护性和移植性。针对数据类型发生变化的情况，使用别名声明数据类型是最佳的选择。

【例 8-20】一个学生的成绩，一开始或许都用整数表示，而后来要求有小数，更改类型。

程序清单

```
#include "stdio.h"
int main(void){
    /*定义4个整型变量,都是同一类型*/
    int math;
    int engl;
    int english;
    int score_emp;
    /*如果哪一天让你将这四个变量变成浮点型,我们只能一个一个修改*/
    float math;
    float engl;
    float english;
    int score_emp;
        return 0;
}
```

在实例 8-20 程序中，修改前为 int，修改后为 float，需要都修改，如果换成别名表示，能够减轻维护的工作量。将代码修改为采用 typedef 自定义类型。

```
int main(void){
    typedef int score_t;
    /*使用别名类型定义4个整型变量,都是同一类型*/
    score_t math;
    score_t engl;
    score_t english;
    score_t score_emp;
        return 0;
}
```

采用这种程序设计方式，使用别名定义数据类型，一旦需要把 int 修改为 float，只需在自定义数据类型的地方修改为 float 即可，不用像第一种方法，需要每个都去指定数据类型。

3. 数据类型集的定义

【例 8-21】常见数据类型集。

```
int main(void){
    typedef char int8_t;
    typedef short int16_t;
```

```
    typedef int int32_t;
    typedef long long int64_t;
    typedef unsigned char uInt8_t;
    typedef unsigned  short uInt16_t;
    typdef undigned short uInt16_t;
        return 0;
}
```

4. typedef 总结

(1) typedef 给数据类型起别名,可以一次或多次定义别名。

(2) 常用于简化复杂类型,提高可维护性和可移植性。

8.4.2　typedef 与#define 的区别

在编写程序过程中,有时可用#define 宏定义来代替 typedef 的功能。

如:

```
typedef int COUNT;
#define COUNT int
```

在定义 int 型变量时,两种情况都可以用 COUNT 来代替,但是两者还是有区别的,区别归纳如下。

1. 执行时间不同

typedef 在编译阶段有效,由于是在编译阶段,因此 typedef 有类型检查的功能。

#define 只是宏定义,发生在预处理阶段,它只是进行简单的字符串替换,而不进行任何检查。不管是否正确照样替换,只有在编译已被展开的源程序时,才会发现可能的错误并报错。

如:

```
#define PI 3.1415926
```

程序中的 area = PI * r * r 会被替换为 3.1415926 * r * r。

如果把#define 语句中的数据 9 改为字母 g,预处理也照样替换。

2. 功能不同

typedef 用来定义类型的别名,如前面介绍的知识。另外,它还可以定义无关的类型,例如,可以定义一个叫 REAL 的浮点类型:typedef long double REAL;。

#define 不只可以为类型取别名,还可以定义常量、变量、编译开关等。

3. 作用域不同

#define 没有作用域的限制,只要是之前预定义过的宏,在之后的程序中都可以使用。而 typedef 有自己的作用域。

如:

```
void fun()
{#define A int;
}
```

```
void gun()
{
    ..//在 fun 函数中预定义 A,这里也可以使用 A,因为宏替换没有作用域
    ..//但如果把 fun 函数的#define 换成 typedef 去定义,那这里就不能使用 A
}
```

4. 对指针的操作不同

二者修饰指针类型时，作用不同。

如：

```
typedef int *pint;
#define PINT int *;
```

> **说明**
>
> （1）const pint p;//p 不可更改，p 指向的内容可以更改，相当于"int * const p;"。
>
> （2）const PINT p;/*p 可以更改，p 指向的内容不能更改，相当于"const int * p;"或"int const * p;" */。
>
> （3）pint s1,s2; // s1 和 s2 都是 int 型指针。
>
> （4）PINT s3,s4; // 相当于 int * s3, s4；只有一个指针。

8.5 本章小结

本章介绍了结构体、共用体、枚举型及用 typedef 重定义类型的知识，具体包括如下几方面。

（1）结构体名和结构体变量是两个不同的概念。结构体名只能表示一种数据类型的机构，编译系统并不对其分配内存空间。结构体变量的定义有三种方法：①间接定义——先定义结构体，再定义结构体变量；②在定义结构体的同时，定义结构体变量；③直接定义结构体变量，而不制定类型名。在程序中先定义结构体，再定义结构体变量。

（2）结构体变量的使用。主要通过结构体变量成员的操作来实现，主要有结构体变量的引用、初始化、赋值、输入/输出等，应用这些操作来解决显示中的复杂问题。对结构体变量的使用是通过对其成员的引用来实现的，一般使用运算符"."来访问成员，如果定义了指向结构体变量的指针，访问成员的方法常有两种：一种是"->"运算符，另一种是"*"运算符。

（3）结构体数组。结构体数组的定义、结构体数组元素的引用与普通数组相似，只不过其每个元素的数组类型是结构体，对结构体数组的访问要求访问成员一致。

（4）结构体指针。结构体指针是以一个指针变量，指向一个结构体变量或结构体数组，当然，结构体成员也可以是指针类型的变量。

（5）单链表的应用。单链表是一种重要的数据结构，它有数据域和指针域，特点是每个结点之间可以不连续，结点之间的联系通过指针来实现，操作主要是链表的建立、查找、

删除、插入和输出。应用管理和动态分配存储空间，特别是不确定目标的数量时应用更广。

（6）共用体是把不同类型的变量放在同一存储区域内，其变量的长度等于占用最大存储空间的成员的字节数。

（7）枚举型就是把所有可能的取值列举出来，被声明为该枚举型的变量取值不能超过定义的范围。

（8）用 typedef 重新定义新的数据类型名称，而不是定义新的数据类型，其作用是增强程序的可读性。

8.6 习　题

一、选择题

1. 设有如下定义：

```
struct Date
{int year;
    int month;
    int day;
};
struct Teacher
{char name[20];
    char sex;
    struct Date birthday;
}person;
```

对结构体变量 person 的出生年份赋值时，下面的赋值语句正确的是（　　）。

A. year = 1975　　　　　　　　　　B. birthday. year = 1975；

C. person. birthday. year = 1975；　　D. person. year = 1975；

2. 设有下面的定义：

```
struct Test
{
    int s1;
    float s2;
    char s3;
    union uu
    {
        char u1[10];
        int u2[2];
    }ua;
}stu;
```

则 sizeof(struct Test) 的值为（　　）。

A. 19　　　　　B. 17　　　　　C. 14　　　　　D. 27

3. 假设有如下定义：

```
sturct Doctor
{int a;
 float salary;
}data;
int *p;
```

若要使 p 指向 data 中的 a 成员，正确的赋值语句是（　　）。

A. p = &a　　　　　　　　　　B. p = &data. a

C. p = data. a　　　　　　　　D. * p = data. a

4. 正确的 K 值为（　　）。

```
enum{a,b=8,c,d=9,e}k;
```

A. 10　　　　　　　　　　　　B. 9

C. 5　　　　　　　　　　　　 D. 11

5. 以下各选项要说明一种新的类型名，其中正确的是（　　）。

A. typedef int i1;　　　　　　　B. typedef　int = i2;

C. typedef i1 int i3;　　　　　　D. typedef　i4;

二、程序题

1. 分析下列代码并运行程序：

```
#include <stdio.h>
#include <string.h>
#include <stdlib.h>
struct Student
{
    int no;
    char *name;
    int score;
};
int main()
{
    struct Student st1={1,"Mary",90},st2;
    st2.no=2;
    st2.name=(char *)malloc(sizeof(10));
    strcpy(st2.name."Mike");
    st2.score=95;
printf("% n",(st1.score>st2.score? st1.name:st2.name));
return 0;
}
```

2. 分析下列代码并运行程序：

```c
#include <stdio.h>
int main()
{
    struct Student
    {
        char name[10];
        float score1.score2;
    }stu[2]={{"zhang",95.90},{"wu",90,88}},*p=stu;
    int I;
    printf("name:% 6s,total = % .2f\n",p->name,p->score1+p->score2);
    printf("name:% 6s,total = % .2f\n",stu[1].name,stu[1].score1+stu[1].score2);
}
```

三、编程训练

1. 利用结构体类型编写一个程序，根据输入的日期（包括年、月、日），计算出该天在本年中第几天。

2. 编程程序，在屏幕上模拟一个现实数字式电子时钟。

3. 编程程序，用于计算某个不同尺寸不同材料的长方体箱子的造价，要求输入其尺寸及其材料单位面积价格（例如每平方米多少钱），计算该箱子造价并输出相应信息。要求用指针作为函数参数来完成。

4. 定义一个枚举类型 cattle（牛），其中有三个枚举值：bull、cow、calf，定义一个枚举变量，通过循环分别输出枚举值对应的是什么牛。

5. 编程程序，计算某个班学生 C 语言的成绩并统计一些信息。为方便输入信息，假设有三个学生，小数位数字保留一位，具体实现如下功能：

（1）学生数据包括学号（int）、姓名（char）、平时成绩（float）、实验成绩（float）、期末成绩（float）和总评（float）共 6 项，现输入三个学生前五项数据；

（2）根据公式"总评 = 平时成绩 * 10% + 实验成绩 * 30% + 期末成绩 * 60%"，计算学生的总成绩；

（3）输出学生成绩；

（4）根据总评计算本课程的平均分（float），输出平均分及高于平均分的学生的信息；

（5）按各分数段统计相应人数并输出，分数段为：0~59.9、60~69.9、70~79.9、80~89.9、90~100。

第 9 章

数据永久性存储

- ➢ 掌握文件的基本概念
- ➢ 掌握内存与外存的数据交流
- ➢ 掌握文件的基本操作

本章重点
- ➢ 内存与外存的数据交流
- ➢ 文件的概念
- ➢ 文件的打开与关闭
- ➢ 文件的读与写

本章难点
- ➢ 文件的读写操作
- ➢ 文件的检测函数

如果计算机只能处理存储在内存中的数据，则程序的适用范围和多样性就会受到相当大的限制。在编写大型复杂的程序时，经常要涉及文件的操作，通过文件操作就可以大量的数据输入/输出，因此，文件的输入/输出操作就构成了程序的重要部分。本章主要介绍文件的概念、文件的常用操作。

9.1 文件概述

文件是程序设计中一个重要的概念，是一组相关数据的集合体。如今大都把文件存储在磁盘上，因此也称其为磁盘文件。操作系统是以文件为单位对数据进行管理的。为了区分不同的文件，每个文件都有一个文件名。文件的存取是按文件名进行的，当要读取文件中的数据时，必须先指出文件名及其位置，再按文件位置找到该文件，然后才能读取其中的数据。当需要将一批数据保存起来时，也必须先确定保存的位置及文件名，然后才能向它输出数据。

9.1.1 文件的概念

文件通常是指存储在外部存储介质上的数据集合。在 C 语言程序设计中，按文件的内容可以将其分为两类：程序文件和数据文件。存储程序代码的文件称为程序文件，存储数据的文件称为数据文件。C 程序中的输入和输出文件都是以数据流的形式存储在介质上的。按数据在介质上的存储方法，可分为文本文件和二进制文件。这两种文件都可以用顺序方式或随机方式存取。

1. 文件的读和写

在程序中，调用输入函数从外部文件中输入数据赋给程序中的变量的操作称为"输入"或"读"；调用输出函数把程序中变量的值输入外部文件中操作称为"输出"或"写"。

2. 流式文件

"流"可以解释为流动的数据及其来源和去向，并将文件看成承载数据流动所产生的结果的媒介。而对文件的读/写就看成是在"文件流"中取出或存入数据。在 C 语言中，对于输入和输出的数据，都按"数据流"的形式进行处理。也就是说，输出时系统不添加任何信息，输入时逐一读入数据，直到遇到 EOF 或文件结束标志。C 程序中的输入/输出文件都是以数据流的形式存储在介质上的。

3. 文本文件和二进制文件

文本文件也称为 ASCII 码文件，是一种字符流文件。当输出时，数据转换成一串字符，每个字符以其 ASCII 码存储到文件中，一个字符占一个字节。文本文件的结束标志在头文件 stdio.h 中定义为 EOF（值为 -1），可对其进行检测。文本文件的优点是可以用各种文本编辑器直接阅读，但文本文件占用存储空间较多，计算机进行数据处理时，需要转换为二进制形式，程序效率较低。

二进制文件是把内存中的数据按其在内存中的存储形式存放到磁盘上，是一种二进制流文件。二进制文件占用存储空间少，数据可以不必转换而直接在程序中使用，程序执行效率高，但二进制的文件不可阅读、打印。

文本文件和二进制文件不是以后缀来确定的，而是以内容来确定的，但文件后缀往往隐含其类别，如 *.txt 代表文本文件，*.doc、*.bmp、*.exe 一般是二进制文件。

4. 顺序存取文件和随机存取文件

顺序存取文件的特点是，每当打开此类文件进行读/写操作时，总是从文件的开头开始，从头到尾顺序地读或写。直接存取文件又称为随机存取文件，其特点是可以通过调用 C 语言的库函数指定开始读或写的字节号，然后直接对此位置上的数据进行读操作或把数据写到此位置上。

5. 缓冲区文件

ANSI 标准规定，在对文件进行输入或输出时，系统将为输入或输出文件开辟缓冲区。所谓缓冲区，是系统在内存中为各文件开辟的一片存储区。当对某个文件进行输出时，系统首先把输出的文件填入该文件开辟的缓冲区；当缓存区填满时，就把缓存区的内容一次性地输出到对应的文件输中；当从某个文件输入数据时，首先从输入文件中输入一批数据到该文件的缓冲区中，再从缓冲区中依次读取数据；当该缓冲区中的数据被读完时，再从输入文件中输入一批数据放入。这种方式使得读/写操作不必烦琐地访问外设，从而提高了读、写的操作速度。

9.1.2 文件指针

缓冲文件系统中的关键概念是文件指针，每个被使用的文件都在内存中开辟一个区，用来存放文件的有关信息（如文件的名字、文件的状态和文件当前位置等）。文件指针实际是指向一个结构体类型的指针。在头文件 stdio.h 中，通过 typedef 把此结构体命名为 FILE，用于存放文件当前的有关信息。程序使用一个文件，系统就为此文件开辟一个 FILE 类型变量。程序使用几个文件，系统就开辟几个 FILE 类型变量，存放各个文件的相关信息。

对 FILE 结构体的访问通常是通过 FILE 类型指针变量（文件指针）完成的，文件指针变量指向文件类型变量，简单地说，文件指针指向文件。

定义文件指针变量的一般形式如下。

```
FILE  *文件指针变量名;
```

如：

```
FILE  *fp;
```

这里定义了一个文件指针 fp，但是事实上 fp 并不指向一个具体的文件，而是指向一个 FILE 类型的结构体变量，该结构体变量中存储了一个文件的诸如文件描述符、文件中当前读写位置、文件缓冲区大小等信息，通过这些信息就可以实现对该文件的操作。用户在使用文件指针时，可以不用考虑这些信息，如在使用 fp 时，可以认为 fp 就指向了正在操作的文件。

结构体 FILE 定义在 stdio.h 的头文件中，定义的形式大概如下：

```
typedef struct{
    short    level;              //缓冲区满或空的程序
    unsigned flags;              //文件状态标志
    char     fd;                 //文件描述符
    unsigned char hold;          //如无缓冲区则不读取字符
    short    bsize;              //缓冲区的大小
    unsigned char *buffer;       //数据缓冲区的位置
    unsigned char * curp;        //当前活动的指针
    unsigned istemp;             //临时文件指示器
    short    token;              //用于有效性检查
}
FILE;
```

在不同的编译环境中，该 FILE 类型的定义也各不相同，可以到该编译环境的 stdio.h 的文件中去查询。

每当运行一个 C 程序时，C 语言会自动打开 3 个标准文件，即标准输入文件、标准输出文件和标准出错文件。C 语言中用 3 个文件指针常量来指向这些文件，分别是 stdin（标准输入文件指针，一般对应键盘）、stdout（标准输出文件指针，一般对应显示器）和 stderr（标准出错文件指针，一般对应显示器）。这 3 个文件指针是常量，因此不能重新赋值。

9.2 文件的基本操作

在 C 语言中,对文件基本操作包括文件的建立、文件的打开与关闭、文件的读和写等。由于输入/输出函数的信息包含在头文件 stdio. h 中,因此,在使用输入/输出函数时,首先要在程序的开头包含头文件 stdio. h。

9.2.1 文件的打开和关闭

1. 文件的打开

打开文件是为文件的读写做准备,读写之后一定要关闭文件,以防其他操作对该文件进行破坏。在对一个文件中的内容进行操作之前,必须先打开该文件,文件打开通过调用 fopen 函数实现。

调用 fopen 函数的格式如下:

```
FILE * fopen ( char * filename , char * mode );
```

fopen 函数包含在 stdio. h 头文件中,该函数中有两个参数。其中 filename 是要打开的文件路径和名称,它是一个字符串;mode 是打开该文件之后的文件操作方式,也是一个字符串。函数的返回值是 FILE 类型的指针,指向一个结构体变量的首地址,通过这个文件指针可以对该文件进行读写操作。

如:

```
FILE * fp;
fp = fopen ( "d:\\read. txt " ,"r");
```

表示要打开 d:\\read. txt 文件的操作方式为"读入",fopen 函数返回指针并赋给 fp,这样 fp 就和 read 文件相联系了,或者说 fp 指向 read 文件。

为了保证在程序中能正确打开一个文件,一般用以下程序段:

```
if(( fp = fopen("d:\\read. txt ","r")) = = NULL){
    printf("Can't open the file\n");
    exit(0);
}
```

此时如果不能打开 d:\\read. txt 文件,系统会输出"Can't open the file",并且正常退出程序。Exit 是 stdib. h 里面的一个库函数,当其参数为 0 时,表示正常退出程序;如果参数是非 0,表示遇到了错误,从而导致退出程序。

函数 fopen 的第二个参数表示文件操作方式,具体说明如下:

(1) r 方式,为读而打开文本文件。只能从文件读数据而不能向文件写入数据。该方式要求欲打开的文件已经存在。

(2) rb 方式,为读而打开二进制文件。其余功能与 r 方式相同。

(3) w 方式,为写而打开文本文件。只能向文件写入数据而不能从文件读数据。如果文件不存在,创建文件,如果文件存在,删除原来的文件,然后重新创建文件(相当于覆盖原来的文件)。

（4）wb 方式，为写而打开二进制文件，可以在指定位置进行写操作，其余功能与 w 方式相同。

（5）a 方式，为在文件后面添加数据而打开文本文件。如果指定文件不存在，系统将用在 fopen 调用中指定的文件名建立一个新文件；如果指定文件已经存在，在文件中原有的内容将被保存，新的数据写在原有内容之后。

（6）ab 方式，为在文件后面添加数据而打开二进制文件。其余的功能和 a 方式相同。

（7）r+方式，为读/写而打开文本文件。用这种方式时，指定的文件应当已经存在，既可以对该文件进行读，也可以对该文件进行写，只是对于文本文件来说，读和写总是从文件的起始位置开始的。在写新的数据时，只覆盖新数据所占的空间，其后的原数据并不丢失。

（8）rb+方式，为读/写而打开二进制文件。功能与 r+方式相同，只是在读和写时，可以有位置函数设置读和写的起始位置，即不一定从文件起始位置开始读和写。

（9）w+方式，以读/写方式打开一个文本文件。如果文件不存在，则建立新文件，这时应该先向文件写入数据，然后才可以读出数据。如果文件已经存在，新写入的数据将取代原有的内容。

（10）wb+方式，功能与 w+方式相同，只是在随后的读和写时，可以由位置函数设置读和写的起始位置。

（11）a+方式，功能与 a 方式相同，只是在文件尾部添加新的数据后，可以从头开始读。

（12）ab 方式，功能与 a+方式相同，只是在文件尾部添加新的数据后，可以由位置函数设置开始新的起始位置。

无论采用哪种文件操作方式，函数都返回一个 FILE 类型的指针。如果文件打开正确，fopen 函数的返回值就是文件在内存中的起始地址，在将该地址赋给文件指针 fp 后，就在打开文件和文件指针 fp 之间建立起了联系，此后对文件的操作就可以通过文件指针进行，而不再使用文件名。如果文件没有被成功打开，那么函数将返回 NULL。

2. 文件的关闭

文件使用完毕后必须关闭，以避免数据丢失。关闭文件可调用函数 fclose 来实现。fclose 函数的格式如下：

```
int fclose(FILE *fp);
```

该函数的作用是关闭文件指针 fp 所指的文件，其返回值是一个整数，若正常关闭文件，则返回 0，否则返回 EOF(-1)。

如：

```
fclose(fp);
```

当文件成功关闭，函数返回 0，否则返回非 0。

应该养成在程序终止前关闭所有文件的习惯，如果不关闭文件，将会丢失数据。因为在向文件写数据时，是先将数据输出到缓冲区，缓冲区充满后才正式输出给文件。如果数据未充满缓冲区而程序结束运行，缓冲区中的数据就会丢失。用 fclose 函数关闭文件，可以避免这个问题，它先把缓冲区中的数据输出到磁盘文件，然后才释放文件指针变量。

9.2.2 文件的读写

打开文件之后就可以对文件进行读写操作了，常用的读写函数包括 fputc、fgetc、fputs、fgets、fscanf、fprintf、fread、fwrite 等。

1. 写字符函数 fputc

该函数实现向指定的文本文件写入一个字符操作。调用写字符函数 fputc 的格式如下：

```
fputc(char ch,FILE * fp);
```

该函数的作用就是把字符 ch 输出到 fp 所指文件中，其中 ch 就是要往文件上写入的字符，它可以是一个字符常量，也可以是一个字符变量。*fp 是接收字符的文件。若输出成功，函数返回输出的字符；输出失败，返回 EOF(-1)。每次写入一个字符，文件位置指针自动指向下一个字节。

【例 9-1】从键盘上输入一个字符串，将其保存到 d:\xsc\test.txt 中。

程序清单

```
#include"stdio.h"
#include"stdlib.h"
main()
{
    FILE * fp;
    int k;
    char str[81];        //定义一个字符数组,存储用户输入的字符串
    gets(str);           //获取用户输入的字符串
    if((fp=fopen("d:\\xsc\\test.txt","w"))==NULL){
        printf("file can not open!\n");
        exit(0);}
    for(k=0;str[k]!='\0';k++)
        fputc(str[k],fp);    //向文件中写入字符数组内容
    fclose(fp);          //关闭文件
}
```

运行此例题，首先在电脑 D 盘建立相关的文件夹 xsc，并在文件夹内建立一个 test.txt 文本文件，否则会达不到运行结果。在程序中首先将文件指针 fp 指向要写入的文件 d:\\xsc\\test.txt，然后逐个读入用户输入的字符，并写入文件中，可以是汉字等任意字符串，每次重复运行都会重新更新文件内全部内容，最后必须关闭文件指针。

2. 读字符函数 fgetc

该函数用于从指定的文本文件中读取一个字符。调用 fgetc 函数的格式如下：

```
fgetc(FILE * fp);
```

函数返回值为输入的字符，若遇到文件结束或出错，则返回 EOF(-1)。关于读字符函数的说明如下：

(1) 每次读入一个字符,文件位置指针自动指向下一个字节。

(2) 文本文件的内部全部是 ASCII 码字符,其值不可能是 EOF(-1),所以可以使用 EOF(-1)确定文件结束;但是对二进制文件不能这样做,因为可能在文件中间某字节的值恰好等于-1,此时使用-1判断文件结束是不恰当的。为了解决这个问题,ANSI C 提供了 feof(fp)函数判断文件是否真正结束。

【例9-2】将 d:\\xsc\\test.txt 文件中的内容读出并显示。

程序清单

```
#include"stdio.h"
#include"stdlib.h"
main()
{
  FILE  * fp;
  char ch;
  if((fp = fopen("d:\\xsc\\test.txt","r")) = =NULL){
    printf("file can not open! \n");
    exit(0);}
while((ch = fgetc(fp))! = EOF)
  putchar(ch);
    /*while((ch =! feof(fp))
  putchar(fgetc(fp)); */
  fclose(fp);
}
```

9.2.3 字符串的读写

1. 写字符串函数 fputs

该函数用于将一个字符串写入指定的文本文件中,若成功,返回0,不成功则返回 EOF。调用 fputs 函数的格式如下:

```
fputs(char * str, FILE * fp);
```

【例9-3】将一组字符串写到文件 d:\xsc\test.txt 中。

程序清单

```
#include"stdio.h"
main()
{
  FILE  * fp;
  int   i;
  char ch[][10] = {"北京、","上海、","天津、","重庆"};
  if((fp = fopen(" d:\\xsc\\test.txt" ,"w")) = =NULL){
    printf("file can not open! \n");
    exit(0);
```

```
    }
    for( i = 0 ; i < = 3 ; i ++ )
    fputs( ch[i] , fp);
    fclose( fp );
}
```

2. 读字符串函数 fgets

该函数用于从指向的文本文件中读取字符串。fgets 函数的调用格式如下：

```
char    fgets( char   * buf , int  n , FILE  * fp);
```

该函数的作用是从 fp 所指文件中读取一个长度为 n - 1 的字符串并把它存入首地址为 buf 的存储空间中，若成功，返回地址 buf，不成功则返回 NULL。若还未读到 n - 1 个字符就读到了一个换行符，则结束本次操作，不再往下读取，但换行符也会作为合法字符读入字符串中。若还未读到第 n - 1 个字符就读到了一个文件结束符，则结束本次操作，不再往下读取。因此，使用 gets 函数时最多能读取 n - 1 个字符，然后系统自动在最后添加字符'\0'。

【例 9 - 4】输入字符串 "hello,world! \n I Love C" 到 D 盘 xsc 目录下的 test.txt 文件中，然后读出其中长度为 15 的字符串。

程序清单

```
#include "stdio.h"
#include "stdlib.h"
int main(){
    FILE   * fp;
    char str[20];
    if((fp = fopen("D:\\xsc\\test.txt","w")) = =NULL){
        printf("Can't open the file\n");
        exit(0);
    }
    fputs("hello,world! \nI Love C",fp);
    fclose(fp);
    if((fp = fopen("D:\\xsc\\test.txt","r")) = =NULL){
        printf("Can't open the file\n");
        exit(0);
    }
    fgets(str,15,fp);
    puts(str);
    fclose(fp);
return 0;}
```

程序运行结果如下：

```
hello,world!
Press any key to continue
```

程序在执行过程中先打开 test.txt 文件,并向其中写入两行数据,然后关闭文件。之后再打开该文件并准备读取其中长度为 14 的字符串,当读到换行符时,fgets 函数到此就结束了,但是'\n'会作为一个合法字符读出到 str 的字符串中,最后在屏幕上输出的就有一个换行。

9.2.4 数据块的读写

虽然用 getc 和 putc 函数可以读/写文件中的一个字符,但是常常要求一次读入一组数据,如从文件(特别是二进制文件)读写一块数据(如数组的元素和结构体变量的数据等),这时使用数据块读/写函数非常方便。

数据块读/写函数的语法格式分别如下。

```
int fread(void *buffer,int size,int count,FILE *fp);
int fwrite(void *buffer,int size,int count,FILE *fp);
```

其中:

(1) buffer 是指针,对于 fread 函数,是用于存放读入数据的首地址;对于 fwrite 函数,是要输出数据的首地址。

(2) size 是一个数据块的字节数(每块大小),count 是要读写的数据块块数。

(3) fp 是文件指针。

(4) fread、fwrite 函数返回读取/写入的数据块块数(正常情况 = count)。

以数据块方式读/写时,文件通常以二进制的方式打开,例如:fread(f,4,2,fp);。

其中,f 是一个实型数组名。一个实型变量占 4 个字节,这个函数从 fp 所指向的文件读入 2 个 4 字节的数据,存储到数组 f 中。

如:有一个如下定义的结构体类型。

```
struct student
{
  char num[10];
  char name[20];
  char sex;
  float score;
  char addr[30];
}stud[40];
```

结构体数组 stud 有 40 个元素,每个元素存放一个学生的数据。假设学生的数据已经存放在磁盘文件中,可以用 for 语句和 fread 函数读入 40 个学生的数据。

```
for(i=0;i<40;i++)
fread(&stud[i],sizeof(struct student),1,fp);
```

【例 9-5】 把数组中的 10 个数据写入二进制文件 d:\xsc\test.dat 中,然后再读出并显示在屏幕上。程序代码如下:

```
#include"stdio.h"
#include"stdlib.h"
#include"conio.h"
main()
{
  FILE * fp;
  int   a[10]={1,2,3,4,5,6,7,8,9,10};
  int   b[10],i;
  if((fp=fopen("d:\\xsc\\test.dat","wb"))==NULL)
  {
    printf("file  can not open!\n");
    exit(0);
  }
  fwrite(a,sizeof(int),10,fp);
  fclose(fp);
  if((fp=fopen("d:\\xsc\\test.dat","rb"))==NULL)
  {
    printf("file can not open!\n");
    exit(0);
  }
  fread( b , sizeof(int), 10 , fp);
  fclose(fp);
  for(i=0;i<10;i++)
  printf("% d",b[i]);
  printf("\n");
}
```

9.2.5 格式的读写

格式读/写函数 fscanf、fprintf 与 scanf、printf 函数的功能相似,都是格式化读/写函数。格式读/写函数用于从文件中读取指定格式的数据并把指定格式的数据写入文件,因此,这是按数据格式要求的形式进行的文件输入/输出。

fscanf 函数用来从文件中读入数据到内存当中,它的语法格式如下:

```
int  fscanf ( FILE * fp , char * format,args );
```

其中,fp 指向某一个文件;format 是一个字符串,表示数据输入的格式;args 是一组地址值,表示输入数据存储的地址;fscanf 的作用是从 fp 所指文件中按照 format 的格式读出若干数据,然后存储到 args 所指的内存单元中。文件的返回值是从文件中读出的数据个数,若从文件读时遇到文件结束或者出错了,则返回 0。

例如,若文件指针 fp 已指向一个已打开的文本文件,a、b 分别为整型变量,则以下语句从 fp 所指的文件中读入两个整数放入变量 a 和 b 中。

```
fscanf( fp , "% d% d" , &a , &b );
```

fprintf 函数的作用是将某些数据项输出到某文件中去，它的基本格式如下：

```
int fprintf(FILE * fp,char * format ,args);
```

这里的 args 不是地址值，而是一些变量。fprintf 的作用是把变量 args 按照 format 的格式输出到 fp 所指向的文件中去，函数的返回值是输出到文件中的变量个数。

例如，若文件指针 fp 已指向一个已打开的文本文件，x，y 分别为整型变量，则以下语句把 x 和 y 中的数据按%d 格式输出到 fp 所指的文件中。

```
fprintf(fp,"%d%d",x,y);
```

【例9-6】格式函数的应用。

程序清单

```
#include "stdio.h"
#include "stdlib.h"
int main(){
    FILE * fp;
    char ch1, ch2;
    if((fp = fopen("D:\\xsc\\test.txt", "w")) = =NULL){
      printf("Can't open the file\n");
      exit(0);
    }
      fprintf(fp, "%c%d",'a','a');         //向文件中输出数据
    fclose(fp);
    if((fp = fopen("D:\\xsc\\test.txt", "r")) = =NULL){
      printf("Can't open the file\n");
      exit(0);
    }
    fscanf(fp,"%c%c",&ch1,&ch2);      //从文件中读出两个字符
    putchar(ch1);
    putchar(ch2);
    printf("\n");
    fclose(fp);
    return 0;
}
```

输出结果是"a9"这两个字符，这是因为"fprintf(fp, "%c%d", 'a', 'a');"的执行结果是向 test.txr 文件中输出了"a97"的值，而 test.txt 是文本文件，因此其中存储的都是字符，再次打开之后读取前两个字符，因此就是"a9"。

9.3 文件的定位

文件被成功打开后，系统为打开的文件设置一个文件指针（也叫位置指针）。通常在文件打开时，位置指针位于文件头部，随着数据的读/写，指针会向后移动，文件指针总是指

向当前读/写数据的位置。文件指针的定位对文件的读/写至关重要,除了前面讲述的各种读/写函数外,还需要一些文件定位函数来配合,以便对文件的操作更加灵活和完善。

9.3.1 rewind 函数

rewind 函数用于使文件指针重返文件开头。其调用格式如下:

```
rewind(FILE * fp);
```

【例9-7】有一个文本文件,第一次使它显示在屏幕上,第二次把它复制到另外一个文件中。

程序清单

```c
#include"stdio.h"
int main()
{
  FILE * fp1,* fp2;
  fp1 = fopen("D:\\xsc\\test.txt","r");
  fp2 = fopen("D:\\xsc\\a.txt","w");
  while(! feof(fp1))putchar(getc(fp1));
  rewind(fp1);
  while(! feof(fp1))
    putc(getc(fp1),fp2);
  fcloseall();    /*关闭所有文件*/
  return 0;
}
```

9.3.2 fseek 函数

fseek 函数用于移动文件读/写位置指针,以便随机读/写。一般用于二进制文件。其语法格式如下:

```
fseek( FILE * fp,long offset,int whence);
```

其中:
(1) fp 是文件指针。
(2) whence 用于计算起点(计算基准)。起始点的取值见表9-1。

表9-1 起始点的取值

符号常量	值	含 义
SEEK_SET	0	头文件
SEEK_CUR	1	文件指针当前位置
SEEK_END	2	文件尾

(3) offset 是以字节为单位的偏移量。从起始开始再偏移 offset，得到新的文件指针位置。offset 为正，向后偏移；offset 为负，向前偏移。

【例9-8】编程，读出文件 stu.dat 中的第三个学生的数据。

程序清单

```
#include"stdio.h"
#include"stdlib.h"
struct student
{
   int num;
   char name[20];
   char sex;
   int age;
   float score;
};
int  main()
{
   struct student stud;
   FILE * fp;
   int i = 2;
   if((fp = fopen("D:\\xsc\\stud.dat","rb")) = = NULL)
   {
      printf("can not open file stud.dat \n");
      exit(0);
   }
   fseek( fp,i * sizeof(struct student),SEEK_SET);
   if(fread(&stud,sizeof(struct student),1,fp) = =1)
   {
printf( "% d,% s,% c,% d,% f \ n", stud.num, stud.name, stud.sex, stud.age, stud.score);
   }
   else
     printf("record 3 does not presented. \n");
   fclose(fp);
   return 0;
}
```

9.3.3 ftell 函数

ftell 函数用于得到文件当前指针的位置。其语法格式如下：

```
long  ftell( FILE  * fp);
```

它的作用是返回 fp 所指文件中的当前读写位置，其返回值是长整型数，是文件位置指针所指位置在整个文件中的字节序号，出错时返回 –1L。因此可以通过下面的程序段求当前文件的长度。

```
fseek( fp, 0,2 );
printf ("% d", ftell( fp));
```

若二进制文件中存放的是 struct st 结构体类型的数据，则可以通过以下程序段计算出该文件中以该结构体为单位的数据块个数。

```
long i,n;
feek( fp, 0L, SEEK_END );
i = ftell( fp );
n = i/sizeof ( struct  st);
```

9.4　文件状态检查函数

常用的文件状态检查函数包括 feof、ferror、clearerr 等，这里只简单介绍 feof 函数。

前面在读写文件时是通过 EOF 来判断一个文件是否已经结束，这种情况只适合于文本文件，这是因为 EOF 的值等于 –1，而文本文件中存储的都是字符的 ASCII 码，ASCII 码的范围是 0~255，所以文本文件中不能出现值为 –1 的值，因此可以用 EOF 来表示文本文件结束。

但是在二进制文件中可能出现 –1，因此就不能再用 EOF 来判断二进制文件是否结束，所以，在 stdio.h 中用 feof 函数来判断文件是否结束。它不仅可以用来判断二进制文件，也可以用来判断文本文件，它的语法格式是：

```
int  feof ( FILE  * fp );
```

其中，fp 指向一个文件，若文件没有结束，则返回 0；若文件已结束，返回非 0 值。

例如，若 fp 指向 a.txt，则可以通过以下语句输出其中的全部字符：

```
while( ! feof  ( fp ))
  printf ("% c", fgetc ( fp ) );
```

9.5　习　　题

一、选择题

1. 以下函数与函数 fseek(f, 0L, SEEK_SET)有相同作用的是（　　）。
　　A. feof(fp)　　　　　　　　　　　B. ftell(fp)
　　C. fgetc(fp)　　　　　　　　　　 D. rewind(fp)

2. 以下叙述中正确的是（　　）。
　　A. C 语言中的文件是流文件，因此只能顺序存储数据
　　B. 打开一个已经存在的文件并进行了写操作后，原有文件中的全部数据必定被覆盖

C. 当对文件进行了写操作后，必须先关闭该文件再打开，才能读到第一个数据

D. 当对文件读（写）操作完成后，必须关闭它，否则可能导致数据丢失

3. 下列关于 C 语言文件正确的是（　　）。

A. 文件由一系列数据依次排列组成，只能构成二进制文件

B. 文件由结构序列组成，可以构成二进制文件和文本文件

C. 文件由数据序列组成，可以构成二进制文件和文本文件

D. 文件由字符序列组成，其类型只能是文本文件

4. 在 C 语言中，可把整型数以二进制形式存放到文件中的函数是（　　）。

A. fprintf　　　　B. freed　　　　C. fwrite　　　　D. fputc

5. 若 fp 是指向某文件的指针，且已读到文件末尾，则库函数 feof(fp) 的返回值是(　　)。

A. EOF　　　　B. −1　　　　C. 非零值　　　　D. NULL

二、编程训练

1. 编写一个程序，从键盘上输入一串字符，形成一个名为 test.dat 的文件，存于指定的目录下。

2. 将 5 名职工的信息从键盘输入，送入文件 workes.txt 文件中保存，然后从文件中输出职工的信息。假设职工信息包括工号、姓名和工资。

3. 在 C 盘根目录有两个文本文件 a.txt 和 b.txt，其中分别存放了一些字符信息，现要求把 b.txt 中的字母读出再增加到 a.txt 已有字符后面。

4. 制作一个学生信息管理系统，可以添加、修改、删除学生数据，然后将这些数据备份到文件中。

第 10 章

一个完整案例的综合设计与实现

10.1 问题的提出

现今无论是个人的藏书还是大型图书馆，都面临着对图书的管理问题。如何管理所收藏图书信息，这就是本章要解决的问题。本章以图书管理系统为例，讲解一个项目的整体开发过程，含项目的需求分析、详细设计、编码规范、编码实现、项目测试等。

系统所需功能：

(1) 当有新图书加入收藏时，可以向系统中添加图书信息。
(2) 可以查看全部的图书信息。
(3) 可以查询图书，若收藏中有该图书，则列出图书信息，若无，则返回相关信息。
(4) 当图书不再收藏时，可以删除该图书。
(5) 有退出系统的功能。

10.2 系统功能设计

10.2.1 系统模块设计

整个系统分为以下几个模块，独立设计：

(1) 界面模块。提供可选的操作等菜单项。
(2) 图书信息输入模块。提供可向系统内输入图书信息的功能。
(3) 创建结点链表模块。可将输入的图书按照书号大小放入链表中存储。
(4) 查找模块。提供根据书名、书号、作者等查询图书信息功能。
(5) 修改模块。提供修改图书信息功能。
(6) 显示模块。提供显示图书信息功能。
(7) 删除模块。提供删除图书信息功能。
(8) 保存和加载模块。将信息存入文件和从文件中加载图书信息。

10.2.2 数据结构设计

本案例中,定义一个结构体来存储图书的信息。结构体中至少包括书号、书名、作者、出版社、价格信息。结构体设计如下:

```
struct books {
    char booknum[20];              //书号
    char bookname[20];             //书名
    char authorname[20];           //作者
    char cbs[20];                  //出版社
    char price[5];                 //价格
    struct books *next;            //指向下一个结点的指针
    struct books *prior;           //指向前一个结点的指针
};
```

指针在 C 语言中占有很重要的地位,也是 C 语言的一个重要特色,同时又是学习 C 语言的难点所在。指针的正确使用,能够使程序更加简洁,执行更加高效。可以说,指针是 C 语言的精华。每一个学习 C 语言的人,都应当熟练地掌握和使用指针。

10.3 程序流程图

按照系统运行逻辑,画出图 10 - 1 所示流程图。

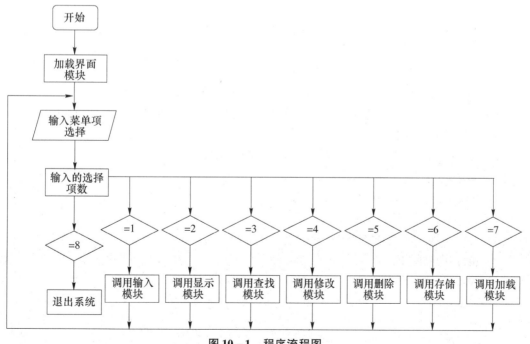

图 10 - 1 程序流程图

算法的相应伪代码表示如下：

```
main()
{
    while(1)
    {
        加载界面;
        switch(操作项)
        {
            1:录入图书信息;暂停;
            2:浏览当前所有图书信息;暂停;
            3:查找图书;暂停;
            4:修改图书信息;暂停;
            5:删除图书信息;暂停;
            6:保存图书信息;暂停;
            7:加载图书信息;暂停;
            8:退出系统;
        }
    }
}
```

10.4　源程序清单

程序的源代码文件为：图书信息管理系统.cpp。所有的源代码实现，均在此代码文件中。

程序包括以下函数：

（1） menu，显示界面函数，选择相关操作项，返回所选择项的对应数。

（2） enter，录入图书信息函数，录入的图书信息存放在结构体定义的结点中。

（3） dls_store，创建图书信息结点函数。

（4） find，查找函数，目前只提供根据书名进行查找。

（5） search，查询图书信息函数。

（6） modify，修改图书信息函数。

（7） display，显示图书信息函数。

（8） list，浏览图书信息。

（9） del，删除图书。

（10） save，保存图书信息。

（11） load，加载图书信息。

源程序的代码

```c
#include "stdafx.h"
#include <stdio.h>
#include <stdlib.h>
#include <string.h>
struct books{    //结构体,用来保存每一本图书信息
    char booknum[20];         //书号
    char bookname[20];        //书名
    char authorname[20];      //作者
    char cbs[20];             //出版社
    char price[5];            //价格
    struct books *next;
    struct books *prior;
};

struct books *head;    //头结点
struct books *last;    //尾结点
int menu(void);        //菜单选项
void enter(void);                              //信息输入
void dls_store(struct books *i, struct books **head, struct books **last);
//按书号大小建立链表
struct books *find(char *bn);                  //按书名检索
void search(void);                             //按书名查找
void modify(void);                             //修改信息
void display(struct books *p);                 //显示格式
void list(void);
void del(struct books **head, struct books **last);   //删除信息
void save(void);             //以文件形式保存信息
void load(void);             //从文件中载入信息
void enter(void)     //输入信息
{
    system("cls");//清屏
//char ch;
    struct books *p;
    while(1)
    {
        p = (struct books *)malloc(sizeof(struct books));
        char ch = '\0';
        printf("请输入书的编号: ");
        scanf("%s", p->booknum);
        printf("请输入书名: ");
```

```c
            scanf("%s", p->bookname);
            printf("请输入作者名: ");
            scanf("%s", p->authorname);
            printf("请输入出版社: ");
            scanf("%s", p->cbs);
            printf("请输入图书价格: ");
            scanf("%s", p->price);
            printf("\n");
            dls_store(p, &head, &last);
            printf("是否继续输入(Y/N):");
            ch = getchar();
            scanf("%c", &ch);
            if (ch == 'N' || ch == 'n') break;
            fflush(stdin);
        }
}
void dls_store(struct books *i, struct books **head, struct books **last)
//按书号顺序插入表中
{
    struct books *p, *old;
    if ((*last) == NULL)
    {
        i->prior = NULL;
        i->next = NULL;
        (*head) = i;
        (*last) = i;
        return;
    }
    p = (struct books *)malloc(sizeof(struct books));
    p = (*head);
    old = NULL;
    while (p != NULL)
    {
        if (strcmp(p->booknum, i->booknum) < 0)
        {
            old = p;
            p = p->next;
        }
        else
        {
            if (p->prior)
```

```
                p->prior->next = i;
                i->next = p;
                i->prior = p->prior;
                p->prior = i;
                return;
            }
            i->next = p;              //放表头
            i->prior = NULL;
            p->prior = i;
            *head = i;
            return;
        }
    }//end while
    old->next = i;
    i->next = NULL;
    i->prior = old;
    *last = i;
}
struct books *find(char *bookName)       //按书名搜索关键字
{
    struct books *p;
    p = head;

    while(p! = NULL)
    {
        if(strcmp(bookName,p->bookname) = = 0)
        {
            return p;
        }
        p = p->next;
    }
    return NULL;
}
void search(void)
{
    char name[20];
    struct books *p;
    printf("请输入你要查询的书名:");
    scanf_s("% s",name,strlen(name));
    p = find(name);
```

```c
    if (p == NULL)
    {
        printf("没有找到你查询的信息.\n");
    }
    else
    {
        display(p);
    }
    free(p);
}
void modify(void)    //根据书名查找并修改信息
{
    char name[20];
    struct books *p;
    printf("请输入你要查询的书名:");
    scanf_s("%s", name, strlen(name));
    p = find(name);
    if (p == NULL)  printf("没有找到你查询的信息.\n");
    else
    {
        printf("请输入书的编号: ");
        scanf("%s", p->booknum);
        printf("请输入书名: ");
        scanf("%s", p->bookname);
        printf("请输入作者名: ");
        scanf("%s", p->authorname);
        printf("请输入出版社: ");
        scanf("%s", p->cbs);
        printf("请输入图书价格: ");
        scanf("%s", p->price);
        printf("\n");
    }
}
void display(struct books *p)
{
    printf("%s\t", p->booknum);       //书号
    printf("%s\t", p->bookname);      //书名
    printf("%s\t", p->authorname);    //作者
    printf("%s\t", p->cbs);           //出版社
    printf("%s\t", p->price);
```

```c
    printf("\n");
}
void list(void)
{
    system("cls");
    struct books *p;
    p = head;
    printf("书号\t书名\t作者\t出版社\t价格\n");
    while(p! = NULL)
    {
        display(p);
        p = p->next;
    }
    printf("\n");
}
void del(struct books **head, struct books **last)
{
    struct books *i;

    char s[50];
    printf("输入书名: ");
    scanf("%s", s);
//  inputs("输入书名:", s, 20);
    i = find(s);
    if(i)
    {
        if(*head == i)
        {
            *head = i->next;
            if(*head) (*head)->prior = NULL;
            else *last = NULL;
        }
        else
        {
            i->prior->next = i->next;
            if(i! = *last)
            {
                i->next->prior = i->prior;
            }
            else
            {
```

```c
            *last = i->prior;
        }
      }
      free(i);
    }//end if(i)
}
void save(void)
{
    struct books *p;
    FILE *fp;
    if ((fp = fopen("books", "wb")) == NULL)
    {
        printf("open file error.\n");
        exit(1);
    }
    p = head;
    while (p != NULL)
    {
        fwrite(p, sizeof(struct books), 1, fp);
        p = p->next;
    }
    fclose(fp);
}
void load(void)
{
    struct books *p;
    FILE *fp;
    fp = fopen("books", "rb");
    if (fp == NULL)
    {
        printf("open file error.\n");
        exit(1);
    }
    while (head)
    {
        p = head->next;
        free(p);
        head = p;
    }
    head = last = NULL;
    printf("\n载入信息\n");
```

```c
    while (! feof(fp))
    {
       p = (struct books *)malloc(sizeof(struct books));
       if (1 ! = fread(p, sizeof(struct books), 1, fp)) break;
       dls_store(p, &head, &last);
    }
    fclose(fp);
    printf("\n信息加载完毕! \n");
}
int menu(void)
{
//char s[20];
    int c;
    system("cls");
    printf("\t\t* * * * * * * * * * * *图书信息管理系统* * * * * * * * * * * *\n");
    printf("\t\t*\t\t|1. 图书信息输入               *\n");
    printf("\t\t*\t\t|2. 图书信息浏览               *\n");
    printf("\t\t*\t\t|3. 图书信息查询               *\n");
    printf("\t\t*\t\t|4. 图书信息修改               *\n");
    printf("\t\t*\t\t|5. 图书信息删除               *\n");
    printf("\t\t*\t\t|6. 存储图书信息               *\n");
    printf("\t\t*\t\t|7. 载入图书信息               *\n");
    printf("\t\t*\t\t|8. 退出系统                   *\n");
    printf("\t\t* * * * * * * * * * * *图书信息管理系统* * * * * * * * * * * *\n\n\n");
    printf("\t\t请输入以上序号进行选择: ");
    do {
       scanf_s("%d", &c);
//c = atoi(s);
    } while (c<0 ||c>8);
    return c;
}
int main(void)
{
    head = last = NULL;
    while (1)
    {
        switch (menu())
        {
        case 1:enter(); system("pause");//录入
            break;
        case 2:list(); system("pause");//浏览
```

```
        break;
    case 3:search(); system("pause");
        break;
    case 4:modify(); system("pause");
        break;
    case 5:del(&head, &last); system("pause");
        break;
    case 6:save(); system("pause");
        break;
    case 7:load(); system("pause");
        break;
    case 8:exit(0);
    } //end switch
} //end while
return 0;
}
```

10.5 程序测试

程序完成以后,要对其进行完善的测试,以保证程序的正常运行。要进行测试,首先要设计出完整的测试用例。

程序的测试分为黑盒测试和白盒测试两类。

1. 黑盒测试

根据软件的规格对软件进行的测试为黑盒测试。这类测试不考虑软件内部的运作原理,因此软件对用户来说就像一个黑盒子。软件测试人员以用户的角度,通过各种输入和观察软件的各种输出结果来发现软件存在的缺陷,而不关心程序具体如何实现。

2. 白盒测试

白盒测试把测试对象看作一个打开的盒子。利用白盒测试法进行动态测试时,需要测试软件产品的内部结构和处理过程,不需测试软件产品的功能。白盒测试知道产品内部工作过程,可通过测试来检测产品内部动作是否按照规格说明书的规定正常进行,按照程序内部的结构测试程序,检验程序中每条通路是否都能按预定要求正确工作,而不顾它的功能。白盒测试的主要方法有逻辑驱动、基路测试等,主要用于软件验证。

在本案例中,程序的逻辑比较简单,可以直接进行黑盒测试,验证程序的功能是否实现。表10-1是测试用例的一部分。

表 10 – 1　测试用例

序号	测试项	测试步骤	期望结果	测试结果	备注
1	显示界面	1. 运行程序，查看是否完整且正常加载界面 2. 选择任意其他项，操作完成后继续，查看是否正常返回界面	1 和 2 均可以正常加载完整的界面	OK	
2	界面菜单	1. 运行程序，选择任意菜单项 2. 观察是否正确跳转到相应功能	可以正确跳转到相对应功能模块	OK	
3	退出功能	1. 运行程序，选择菜单项 8 2. 观察系统是否能正常退出	系统能正常退出	OK	
4	录入功能	1. 运行程序，选择菜单项 1 2. 跳转到录入功能模块 3. 根据提示进行输入 4. 在书名中输入非字符型输入 5. 在书号中输入中文字符 6. 在价格中输入非数字的字符	3 中正常运行；4，5，6 中输入时能够提示非法输入	NG	程序中没有设计输入检查功能

完整的测试用例是测试的基础，其余部分功能的测试用例设计，就交给同学们来完成。使用设计出来的测试用例，对本案例程序进行测试，并写出测试报告。

10.6　项目文档

根据软件工程的要求，实现一个完整的项目，将有大量的文档产生。一个完整的项目中，必不可少的项目文档有：

（1）项目需求说明；
（2）项目概要设计文档；
（3）项目详细设计文档。

对于本章案例，将不再详细介绍这些项目文档，下面将附上各类项目文档的格式，以供参考使用。

10.6.1　需求分析文档

1　引言
　　1.1　编写目的
　　1.2　项目背景

1.3 参考资料
2　数据描述
3　功能需求
　　3.1 功能划分
　　　　定义各模块功能，画出数据流图。
　　3.2 功能描述
　　　　分模块进行功能描述。
4　接口需求
　　4.1 用户接口需求
　　4.2 硬件接口需求
　　4.3 软件接口需求
　　4.4 通信接口需求
5　性能需求

10.6.2　概要设计文档

1　引言
　　1.1 编写目的
　　1.2 背景
　　　　描述系统诞生背景，交代需求方、承接单位或个人，以及用户范围。
　　1.3 定义
　　　　对于一些名词的定义进行解释。
　　1.4 参考资料
2　架构设计
　　2.1 需求规定
　　　2.1.1 功能需求
　　　　　参考《需求分析说明文档》。
　　　2.1.2 质量需求
　　　　　对系统质量方面的细化要求。
　　　2.1.3 输入输出要求
　　　　　系统对输入/输出有何特殊要求。
　　2.2 运行环境
　　　2.2.1 设备
　　　　　描述系统运行所需的硬件设备。
　　　2.2.2 支持软件
　　　　　描述系统运行所需的软件环境。

    2.3 基本处理流程

       系统的逻辑关系。
  3 接口设计
    3.1 用户接口

       描述界面设计及界面各接口的设计。
    3.2 外部接口
    3.3 内部接口
  4 运行设计
    4.1 运行模块组合
    4.2 运行控制
  5 系统异常处理设计

10.6.3 详细设计文档

1. 详细设计文档

1 引言

1.1 编写目的

{简要说明编写这份详细设计说明书的目的,指出预期的读者}。

本详细设计说明书的编写目的是说明程序系统的各个层次中的每个软件对象(包括每个模块和程序)的设计考虑,以向系统实现(编码和测试)阶段提供关于程序系统实现方式的详细描述,从而成为编码的技术基础。本详细设计说明书的适用读者为:软件开发者、测试人员}

1.2 项目概况

{1. 说明待开发的软件系统的名称。

2. 列出本项目的任务委托单位、开发单位、协作单位、用户单位。

3. 说明项目背景,叙述该项软件开发的意图、应用目标、作用范围及其他应向读者说明的有关该软件开发的背景材料。如果本次开发的软件系统是一个更大系统的一个组成部分,则要说明该更大系统的组成,并介绍本系统与其他相关系统的关系和接口部分。

4. 保密说明:

本项为可选项,一般的软件公司都会要求对软件开发的概要设计文档进行保密,不允许被复制、使用和扩散到公司之外的范围,如果需要强调,则允许做相关的保密说明。

5. 版权说明:

本项为可选项,若有必要,才要做有关的描述。}

1.3 术语定义

{列出本文档中引用到的专门术语的定义和首字母缩写词、缩略语的原文,以便对详细设计说明书进行适当的解释}

1.4 参考资料

{列出本文档所使用的参考资料,包括:

A 本软件开发所经核准的合同或标书或可行性报告等文档。

B 软件开发计划书。

C 需求分析报告。

D 测试方案（若存在初稿的话）。

E 概要设计说明书。

F 与本项目有关的已发表的文件或资料。

G 本文件中各处引用的文件、资料,所采用的软件开发标准和规范。

注意:必须列出文件、资料的作者、标题、编号、发表日期和出版单位,以说明这些文件资料的来源。若某些文档有保密要求的,则要说明其保密级别。}

2 系统概述

{概要地介绍本软件系统,只要求提供影响详细设计的一般因素,不必太详细地描述大量细节,本章主要目的仅仅是使本详细设计说明书更易于理解。建议根据系统设计的实际需要可以有选择地从以下方面进行概要描述:系统体系结构、系统功能分布和层次结构、程序实现风格或方式}

2.1 系统体系结构

{画出系统的体系结构图,以说明系统体系结构的实现技术,所用到的数据库主体的描述、实现访问数据库的方法、划分程序的主体部分的方法}

2.2 系统功能分布和层次结构

{主要介绍本软件系统程序组织的结构,包括各个功能模块的划分,可以用模块层次结构图来表示,以说明各个模块之间的相互调用关系,或者用一系列图表来列出本程序系统内的每个程序（包括各个模块或子程序）的名称、标识符和它们之间的层次结构关系。程序组织的层次结构关系可用表格形式进行描述,建议如下表:

模块名称	模块编号	子模块名称	功能说明	子模块编号

}

3 程序设计详细描述

{从本部分开始,逐个地给出程序组织结构中各个层次的每个程序的设计考虑,每一程序模块的详细设计描述单独为一节,标题格式为:模块名称（模块编号）设计说明,例如:

3.1 主界面 untMsgMain {frmMsgMain} （000101）设计说明

对每个程序模块（包括存储过程的设计）,建议分别从以下几个方面进行描述:

注明该功能模块的编号和模块名称

模块功能简述

界面(包括屏幕编号、屏幕图片、控件说明)

所调用的模块(包括控件)的说明

变量说明

函数/过程列表

函数/过程说明(包括输入、输出和处理逻辑)

测试要求:主要说明本模块进行单元测试的要点或注意事项

出错处理

尚未解决的问题

参考以下范例,允许根据实际需要进行裁剪:}

4 公用接口程序设计说明

{给出各类公用接口的程序的设计考虑,如全局变量、公用界面、公用函数和过程等。}

4.1 全局变量

{罗列各个全局变量的属性要求,包括全局变量名称、说明、数据类型、长度、取值范围等信息}

4.2 公用界面

{要求描述清楚公用界面的界面布局情况,以及界面上所涉及的各种数据项的相关属性、与界面相关的详细处理说明(有逻辑算法和计算公式,则要详细说明)、输入和输出数据要求等,要求要附有界面的书面格式,可详细注明参见某个图表或某个相关附件}

4.3 公用函数和过程

{介绍公用函数和过程所实现的主要功能,说明公用函数和过程所需调用的输入参数、输出参数及逻辑处理和相关算法描述,并注明该公用函数和过程的适用范围,对其逻辑算法的描述建议参考第3部分中程序设计详细描述的范例格式进行说明}

4.4 公用表辞典

{罗列公用表的数据结构,以及适用的范围,建议参考以下格式:

公用表名	字段名	数据类型	中文名称	适用范围
表1	字段名1	CHAR(1)	名称1	所有软件模块

}

附录 A 常用字符与 ASCII 代码对照表

ASCII 数字 32~126 分配给了能在键盘上找到的字符，当查看或打印文档时就会出现。注：十进制 32 代表空格，十进制数字 127 代表 DELETE 命令。附录表 A-1 是 ASCII 码和相应数字的对照表。

附录表 A-1 ASCII 码对照表

ASCII 码		字符	ASCII 码		字符	ASCII 码		字符	ASCII 码		字符
十进位	十六进位		十进位	十六进位		十进位	十六进位		十进位	十六进位	
032	20		056	38	8	080	50	P	104	68	h
033	21	!	057	39	9	081	51	Q	105	69	i
034	22	"	058	3A	:	082	52	R	106	6A	j
035	23	#	059	3B	;	083	53	S	107	6B	k
036	24	$	060	3C	<	084	54	T	108	6C	l
037	25	%	061	3D	=	085	55	U	109	6D	m
038	26	&	062	3E	>	086	56	V	110	6E	n
039	27	'	063	3F	?	087	57	W	111	6F	o
040	28	(	064	40	@	088	58	X	112	70	p
041	29	)	065	41	A	089	59	Y	113	71	q
042	2A	*	066	42	B	090	5A	Z	114	72	r
043	2B	+	067	43	C	091	5B	[	115	73	s
044	2C	,	068	44	D	092	5C	\	116	74	t
045	2D	-	069	45	E	093	5D	]	117	75	u
046	2E	.	070	46	F	094	5E	^	118	76	v
047	2F	/	071	47	G	095	5F	_	119	77	w
048	30	0	072	48	H	096	60	`	120	78	x
049	31	1	073	49	I	097	61	a	121	79	y
050	32	2	074	4A	J	098	62	b	122	7A	z
051	33	3	075	4B	K	099	63	c	123	7B	{
052	34	4	076	4C	L	100	64	d	124	7C	|
053	35	5	077	4D	M	101	65	e	125	7D	}
054	36	6	078	4E	N	102	66	f	126	7E	~
055	37	7	079	4F	O	103	67	g	127	7F	DEL

附录 B 运算符的优先级与结合性

C 语言的运算符众多，具有不同的优先级和结合性，汇总见附录表 B-1。

附录表 B-1 运算符的优先级

优先级	运算符	名称或含义	使用形式	结合方向	说明
1	[ ]	数组下标	数组名[常量表达式]	左到右	
	( )	圆括号	（表达式）/函数名（形参表）		
	.	成员选择（对象）	对象.成员名		
	->	成员选择（指针）	对象指针->成员名		
2	-	负号运算符	-表达式	右到左	单目运算符
	(类型)	强制类型转换	（数据类型）表达式		
	++	自增运算符	++变量名/变量名++		单目运算符
	--	自减运算符	--变量名/变量名--		单目运算符
	*	取值运算符	*指针变量		单目运算符
	&	取地址运算符	&变量名		单目运算符
	!	逻辑非运算符	!表达式		单目运算符
	~	按位取反运算符	~表达式		单目运算符
	sizeof	长度运算符	sizeof（表达式）		
3	/	除	表达式/表达式	左到右	双目运算符
	*	乘	表达式*表达式		双目运算符
	%	余数（取模）	整型表达式/整型表达式		双目运算符
4	+	加	表达式+表达式	左到右	双目运算符
	-	减	表达式-表达式		双目运算符
5	<<	左移	变量<<表达式	左到右	双目运算符
	>>	右移	变量>>表达式		双目运算符
6	>	大于	表达式>表达式	左到右	双目运算符
	>=	大于等于	表达式>=表达式		双目运算符
	<	小于	表达式<表达式		双目运算符
	<=	小于等于	表达式<=表达式		双目运算符
7	==	等于	表达式==表达式	左到右	双目运算符
	!=	不等于	表达式!=表达式		双目运算符
8	&	按位与	表达式&表达式	左到右	双目运算符

续表

9	^	按位异或	表达式^表达式	左到右	双目运算符
10	|	按位或	表达式 | 表达式	左到右	双目运算符
11	&&	逻辑与	表达式 && 表达式	左到右	双目运算符
12	||	逻辑或	表达式 || 表达式	左到右	双目运算符
13	?:	条件运算符	表达式1？表达式2：表达式3	右到左	三目运算符
14	=	赋值运算符	变量 = 表达式	右到左	
	/=	除后赋值	变量/= 表达式		
	*=	乘后赋值	变量 *= 表达式		
	%=	取模后赋值	变量%= 表达式		
	+=	加后赋值	变量 += 表达式		
	-=	减后赋值	变量 -= 表达式		
	<<=	左移后赋值	变量 <<= 表达式		
	>>=	右移后赋值	变量 >>= 表达式		
	&=	按位与后赋值	变量 &= 表达式		
	^=	按位异或后赋值	变量^= 表达式		
	|=	按位或后赋值	变量|= 表达式		
15	,	逗号运算符	表达式，表达式，…	左到右	从左向右顺序运算

附录 C C 语言常用的库函数

1. 数学函数

调用数学函数时，要求在源文件中包含以下命令行：

```
#include <math.h>
```

C 语言中常用的教学函数见附录表 C-1。

附录表 C-1 数学函数

函数原型说明	功能	返回值	说明
int abs(int x)	求整数 x 的绝对值	计算结果	
double fabs(double x)	求双精度实数 x 的绝对值	计算结果	
double acos(double x)	计算 arccos(x) 的值	计算结果	x 在 -1~1 范围内
double asin(double x)	计算 arcsin(x) 的值	计算结果	x 在 -1~1 范围内
double atan(double x)	计算 arctan(x) 的值	计算结果	
double atan2(double x)	计算 arctan(x/y) 的值	计算结果	
double cos(double x)	计算 cos(x) 的值	计算结果	x 的单位为弧度
double cosh(double x)	计算双曲余弦 cosh(x) 的值	计算结果	
double exp(double x)	求 e^x 的值	计算结果	
double fabs(double x)	求双精度实数 x 的绝对值	计算结果	
double floor(double x)	求不大于双精度实数 x 的最大整数		
double fmod(double x, double y)	求 x/y 整除后的双精度余数		
double frexp(double val, int * exp)	把双精度 val 分解成尾数和以 2 为底的指数 n，即 val = x * 2n, n 存放在 exp 所指的变量中	返回位数 x $0.5 \leq x < 1$	
double log(double x)	求 lnx	计算结果	x > 0
double log10(double x)	求 $\log_{10} x$	计算结果	x > 0
double modf(double val, double * ip)	把双精度 val 分解成整数部分和小数部分，整数部分存放在 ip 所指的变量中	返回小数部分	
double pow(double x, double y)	计算 xy 的值	计算结果	

续表

函数原型说明	功能	返回值	说明
double sin(double x)	计算 sin(x) 的值	计算结果	x 的单位为弧度
double sinh(double x)	计算 x 的双曲正弦函数 sinh(x) 的值	计算结果	
double sqrt(double x)	计算 x 的开方	计算结果	x≥0
double tan(double x)	计算 tan(x)	计算结果	
double tanh(double x)	计算 x 的双曲正切函数 tanh(x) 的值	计算结果	

2. 字符函数

调用字符函数时,要求在源文件中包含以下命令行:

```
#include <ctype.h>
```

C 语言中常用的字符函数见附录表 C-2。

附录表 C-2 字符函数

函数原型说明	功能	返回值
int isalnum(int ch)	检查 ch 是否为字母或数字	是,返回 1;否则返回 0
int isalpha(int ch)	检查 ch 是否为字母	是,返回 1;否则返回 0
int iscntrl(int ch)	检查 ch 是否为控制字符	是,返回 1;否则返回 0
int isdigit(int ch)	检查 ch 是否为数字	是,返回 1;否则返回 0
int isgraph(int ch)	检查 ch 是否为 ASCII 码值在 ox21~ox7e 的可打印字符(即不包含空格字符)	是,返回 1;否则返回 0
int islower(int ch)	检查 ch 是否为小写字母	是,返回 1;否则返回 0
int isprint(int ch)	检查 ch 是否为包含空格符在内的可打印字符	是,返回 1;否则返回 0
int ispunct(int ch)	检查 ch 是否为除了空格、字母、数字之外的可打印字符	是,返回 1;否则返回 0
int isspace(int ch)	检查 ch 是否为空格、制表或换行符	是,返回 1;否则返回 0
int isupper(int ch)	检查 ch 是否为大写字母	是,返回 1;否则返回 0
int isxdigit(int ch)	检查 ch 是否为十六进制数	是,返回 1;否则返回 0
int tolower(int ch)	把 ch 中的字母转换成小写字母	返回对应的小写字母
int toupper(int ch)	把 ch 中的字母转换成大写字母	返回对应的大写字母

3. 字符串函数

调用字符串函数时,要求在源文件中包含以下命令行:

```
#include <string.h>
```

附录 C C 语言常用的库函数 247

C 语言中常用字符串函数见附录表 C–3。

附录表 C–3 字符串函数

函数原型说明	功能	返回值
char * strcat(char * s1,char * s2)	把字符串 s2 接到 s1 后面	s1 所指地址
char * strchr(char * s,int ch)	在 s 所指字符串中，找出第一次出现字符 ch 的位置	返回找到的字符的地址，若找不到，则返回 NULL
int strcmp(char * s1,char * s2)	对 s1 和 s2 所指字符串进行比较	s1 < s2，返回负数；s1 = = s2，返回 0；s1 > s2，返回正数
char * strcpy(char * s1,char * s2)	把 s2 指向的串复制到 s1 指向的空间	s1 所指地址
unsigned strlen(char * s)	求字符串 s 的长度	返回串中字符（不计最后的'\0'）个数
char * strstr(char * s1,char * s2)	在 s1 所指字符串中，找出字符串 s2 第一次出现的位置	返回找到的字符串的地址，若找不到，则返回 NULL

4. 输入/输出函数

调用字符函数时，要求在源文件中包括以下命令行：

```
#include <stdio.h>
```

C 语言中常用输入/输出函数见附录表 C–4。

附录表 C–4 输入/输出串函数

函数原型说明	功能	返回值
void clearer(FILE * fp)	清除与文件指针 fp 有关的所有出错信息	无
int fclose(FILE * fp)	关闭 fp 所指的文件，释放文件缓冲区	出错，返回非 0，否则返回 0
int feof (FILE * fp)	检查文件是否结束	遇文件结束返回非 0，否则返回 0
int fgetc (FILE * fp)	从 fp 所指的文件中取得下一个字符	出错，返回 EOF,否则返回所读字符
char * fgets(char * buf,int n, FILE * fp)	从 fp 所指的文件中读取一个长度为 n–1 的字符串，将其存入 buf 所指存储区	返回 buf 所指地址，若遇文件结束或出错，返回 NULL
FILE * fopen (char * filename,char * mode)	以 mode 指定的方式打开名为 filename 的文件	成功，返回文件指针（文件信息区的起始地址），否则返回 NULL
int fprintf(FILE * fp, char * format, args,…)	把 args,…的值以 format 指定的格式输出到 fp 指定的文件中	实际输出的字符数

续表

函数原型说明	功能	返回值
int fputc(char ch, FILE *fp)	把 ch 中字符输出到 fp 指定的文件中	成功，返回该字符，否则返回 EOF
int fputs(char *str, FILE *fp)	把 str 所指字符串输出到 fp 所指文件	成功，返回非负整数，否则返回 -1（EOF）
int fread(char *pt, unsigned size, unsigned n, FILE *fp)	从 fp 所指文件中读取长度 size 为 n 的数据项存到 pt 所指文件	读取的数据项个数
int fscanf(FILE *fp, char *format, args, …)	从 fp 所指的文件中按 format 指定的格式把输入数据存入 args, … 所指的内存中	已输入的数据个数，遇文件结束或出错返回 0
int fseek(FILE *fp, long offer, int base)	移动 fp 所指文件的位置指针	成功，返回当前位置，否则返回非 0
long ftell(FILE *fp)	求出 fp 所指文件当前的读写位置	读写位置，出错返回 -1L
int fwrite(char *pt, unsigned size, unsigned n, FILE *fp)	把 pt 所指向的 n*size 个字节输入 fp 所指文件	输出的数据项个数
int getc(FILE *fp)	从 fp 所指文件中读取一个字符	返回所读字符，若出错或文件结束，返回 EOF
int getchar(void)	从标准输入设备读取下一个字符	返回所读字符，若出错或文件结束，返回 -1
char *gets(char *s)	从标准设备读取一行字符串放入 s 所指存储区，用 '\0' 替换读入的换行符	返回 s，出错，返回 NULL
int printf(char *format, args, …)	把 args, … 的值以 format 指定的格式输出到标准输出设备	输出字符的个数
int putc(int ch, FILE *fp)	同 fputc	同 fputc
int putchar(char ch)	把 ch 输出到标准输出设备	返回输出的字符，若出错，则返回 EOF
int puts(char *str)	把 str 所指字符串输出到标准设备，将 '\0' 转成回车换行符	返回换行符，若出错，返回 EOF
int rename(char *oldname, char *newname)	把 oldname 所指文件名改为 newname 所指文件名	成功，返回 0；出错，返回 -1

续表

函数原型说明	功能	返回值
void rewind(FILE * fp)	将文件位置指针置于文件开头	无
int scanf(char * format, args,…)	从标准输入设备按 format 指定的格式把输入数据存入到 args,…所指的内存中	已输入的数据的个数

5. 动态分配函数和随机函数

调用字符函数时，要求在源文件中包括以下命令行：

```
#include <stdlib.h>
```

C 语言中常用动态分配函数和随机函数见附录表 C-5。

附录表 C-5 动态分配函数和随机函数

函数原型说明	功能	返回值
void * calloc(unsigned n, unsigned size)	分配 n 个数据项的内存空间，每个数据项的大小为 size 个字节	分配内存单元的起始地址，如不成功，返回 0
void * free(void * p)	释放 p 所指的内存区	无
void * malloc(unsigned size)	分配 size 个字节的存储空间	分配内存空间的地址，如不成功，返回 0
void * realloc(void * p, unsigned size)	把 p 所指内存区的大小改为 size 个字节	新分配内存空间的地址，如不成功，返回 0
int rand(void)	产生 0~32 767 的随机整数	返回一个随机整数
void exit(int state)	程序终止执行，返回调用过程，state 为 0，正常终止，非 0，非正常终止	无

参 考 文 献

[1] 杨有安，曹惠雅，等.C语言程序设计教程（第2版）[M].北京：人民邮电大学出版社，2014.

[2] 王行言.计算机程序设计基础[M].北京：高等教育出版社，2004.

[3] 田淑清，等.《C语言程序设计辅导与习题集》[M].北京：中国铁道出版社，2000.

[4] 明日科技.C语言从入门到精通（第3版）[M].北京：清华大学出版社，2017.

[5] ［美］霍尔顿.C语言入门经典（第5版）[M].北京：清华大学出版社，2013.

[6] 柴田望洋.明解C语言（第3版）[M].管杰，罗勇，杜晓静，译.北京：人民邮电出版社，2015.

[7] 贾蓓，姜薇，镇明敏，等.C语言编程实战宝典[M].北京：清华大学出版社，2015.